高等学校规划教材

民用飞行控制系统

陈 杰 马存宝 编著

西北工业大学出版社

西 安

【内容简介】 本书首先介绍了飞行控制系统的发展历程、关键技术和发展趋势;然后详细介绍了现代飞机飞行控制系统原理、组成和结构,并对飞行控制系统异常监测、故障诊断,健康基线集的构建,健康状态的评估,剩余寿命预测技术几个方面进行了详细介绍和探讨;最后在介绍飞行控制系统可靠性和安全性技术的基础上,对飞行控制系统适航审定与符合性验证,以及飞行控制系统运行安全性评估技术进行了详细介绍和探讨。

本书可以作为从事军用飞机、民用飞机飞行控制系统研究、开发、生产以及运营等工作的相关人员的参考用书,也可作为高等学校导航制导与控制、适航技术及相关专业的教学用书。

图书在版编目(CIP)数据

民用飞行控制系统 / 陈杰,马存宝编著. — 西安 :
西北工业大学出版社,2023.3
ISBN 978 - 7 - 5612 - 8733 - 0

Ⅰ. ①民… Ⅱ. ①陈… ②马… Ⅲ. ①民用飞机-自
动飞行控制-飞行控制系统 Ⅳ. ①V271 ②V249.122

中国国家版本馆 CIP 数据核字(2023)第 083795 号

MINYONG FEIXING KONGZHI XITONG
民 用 飞 行 控 制 系 统
陈杰 马存宝 编著

责任编辑:张 潼		策划编辑:杨 军	
责任校对:胡莉巾		装帧设计:李 飞	

出版发行:西北工业大学出版社
通信地址:西安市友谊西路 127 号   邮编:710072
电   话:(029)88491757,88493844
网   址:www.nwpup.com
印 刷 者:陕西向阳印务有限公司
开   本:787 mm×1 092 mm   1/16
印   张:11.75
字   数:308 千字
版   次:2023 年 3 月第 1 版   2023 年 3 月第 1 次印刷
书   号:ISBN 978 - 7 - 5612 - 8733 - 0
定   价:49.00 元

如有印装问题请与出版社联系调换

前　言

　　无论是军用飞机(简称军机)还是民用飞机(简称民机),飞行控制系统作为与飞机气动、结构和发动机结合最为紧密的飞机子系统,对于完成飞行任务和保障飞行安全起着非常重要的作用;而鉴于民用飞行器的商业运营和载客属性,其飞行控制系统对保障飞行稳定和安全的意义更加突出。随着机载系统自动化、信息化水平的不断攀升,以飞行控制系统为基础向上集成其他机载系统功能而发展起来的飞行器综合控制,成为当前机载各专业系统综合化发展的大趋势。相比于军机飞行控制系统,如前所述,民机飞行控制系统更加强调其稳定性、安全性,并注重在此基础上与其他机载系统综合集成,以期给经济性、舒适性、便捷性和准时性等带来提升。

　　党的二十大以来,国家将教育优先发展、科技自立自强、人才引领驱动放在前所未有的高度。着力培养支撑国家民航强国的人才是笔者所在学校学院——西北工业大学民航学院的办学宗旨。本书是在梳理多年飞行控制系统理论教学和民航领域科学研究方面开展工作的基础上编写而成的,编写中参考了国内外相关文献资料,力求全方位反映笔者在这一领域近年来所取得的研究和教学成果。

　　全书共 14 章:首先介绍了民用飞机发展历史,飞行控制定义,自动飞行控制系统基本回路,以及飞机基本的增稳等内容,并从基本飞行动力学原理开始构建飞机运动方程,介绍飞行控制系统执行所需舵机和舵回路;然后讲述了飞行控制系统从内及外所涉及的阻尼系统、增稳系统,控制增稳系统,外环姿态控制和轨迹控制系统,并在此基础上介绍了应用于民机飞行控制上常见现代控制方式;接着针对民用飞行控制系统,给出了自动飞行控制系统的基本构成和架构,由此展开介绍了自动驾驶仪、飞行指引、自动油门和配平系统等,并给出了两种常见支线和干线客机飞行控制系统的具体描述,针对民机标配的飞行/推进一体化控制技术进行了介绍;最后针对飞行控制系统向上集成衍生出来的飞行管理系统原理以及 737NG 等飞机飞行管理系统进行了阐述。

　　全书由陈杰、马存宝编著,并由马存宝统稿,在编写过程中得到了学校很多教师和研究生的大力支持,在此表示衷心的感谢。

　　由于水平有限,书中难免存在疏漏之处,恳请广大读者批评指正。

编著者
2022 年 8 月

缩 略 词 表

ETOPS	ExTended-range OPerationS	延程运行
LCD	Liquid Crystal Display	液晶显示器
AFCS	Automatic Flight Control System	自动飞行控制系统
MIMO	Multiple Input Multiple Output	多输入多输出
PD	Proportional Derivative	比例微分
CAS	Control Augmentation System	控制增稳系统
AP	Auto-Pilot	自动驾驶仪
FBWS	Flight By Wire System	电传操纵系统
BIT	Build-In-Test	机内自测试
CCV	Control Configured Vehicle technology	随控布局设计
ACT	Active Control Technology	主动控制技术
RSS	Relaxed Static Stability	放宽静稳定性
DFC	Direct Force Control	直接力控制
MLC	Maneuvering Load Control	机动载荷控制
GLA	Gust Load Alleviation	阵风减缓
RQC	Ride Quality Control	乘坐品质控制
FD	Flight Director	飞行指引仪
FMCP	Flight Mode Control Panel	飞行模式控制板
ATS	Auto Thrust System	自动推力系统
SAE	Society of Automotive Engineers	美国机动车工程师协会
FCC	Flight Control Computer	飞行控制计算机
CDU	Control and Display Unit	控制显示单元

AHRS	Attitude and Heading Reference System	航姿参考系统
ADC	Air Data Computer	大气数据计算机
FL	Flight Level	飞行高度层
CM	Configuration Module	构型模块
CWS	Command With Steering	半自动驾驶
EDS	Emergency Disconnect Switch	紧急断开开关
ADI	Attitude Directional Indicator	姿态方向指示器
FDC	Flight Director Computer	飞行指引计算机
AFDS	Auto-pilot Flight Director System	自动飞行指引系统
FMA	Flight Mode Annunciator	飞行方式通告器
DMA	Direct Memory Access	直接存储器存取
CPU	Central Processing Unit	中央处理单元
ROM	Read Only Memory	只读存储器
ASM	Auto-throttle Servo Motor	自动油门伺服马达
FADEC	Full Authority Digital Engine Control	全权限数字电子控制
PCU	Power Control Units	功率控制组件
ACE	Actuators Control Electronics	作动筒控制电子组件
FCM	Flight Control Module	飞行控制模块
SF	Slot/Flap	襟/缝翼
PDU	Power Drive Units	功率驱动组件
EICAS	Engine Indication and Crew Alerting System	发动机指示与机组告警系统
WOW	Weight On Wheel	轮载信号
CAS	Calibrated Air Speed	校准空速
PFC	Primary Flight Computer	主飞行计算机
AFDC	Auto-pilot and Flight Direct Computer	自动驾驶/飞行指引计算机
AIMS	Aircraft Information Management System	飞机信息管理系统
ADIRU	Air Data and Inertial Reference Unit	大气数据惯性基准组件
SAARU	Secondary Attitude and Airdata Reference Unit	辅助姿态和大气数据基准组件
ELAC	ELevator and Aileron Computer	升降舵副翼计算机
SEC	Spoiler and Elevator Computer	扰流板升降舵计算机

FAC	Flight Augmentation Computer	飞行增稳计算机
SFCC	Slat and Flap Control Computer	襟缝翼控制计算机
FCDC	Flight Control Data Concentrator	飞行控制数据集中器
FMGC	Flight Management and Guidance Computer	飞行管理与制导计算机
EFCS	Electronic Flight Control System	电子飞行控制系统
THS	Trimable Horizontal Stabilizer	可配平水平安定面
ECAM	Electronic Centralised Aircraft Monitor	飞机电子集中监视系统
TOC	Throttles Only Control	仅用发动机控制飞行
ICAO	International Civil Aviation Organization	国际民航组织
DOC	Direct Operation Cost	直接运营成本
FMS	Flight Management System	飞行管理系统
ISDU	Inertial System Display Unit	惯性系统显示组件
MSU	Model Selection Unit	方式选择板
GPS	Global Position System	全球定位系统
CDS	Common Display System	通用显示器系统
LRU	Line Replaceable Unit	航线可更换组件
VOR	Very high frequency Omnidirectional Range	甚高频全向信标
MB	Marker Beacon	指点标
MMR	Multiple Mode Receiver	多模式接收机
DME	Distance Measurement Equipment	测距机
ILS	Instrument Landing System	仪表着陆系统
DEU	Display Electronic Unit	显示电子组件
EEC	Engine Electronic Control	发动机电子控制
ECU	Engine Control Unit	发动机控制组件
FQPU	Fuel Quality Processer Unit	燃油量处理器组件
ARINC	Aeronautical Radio INCorporated	(美国)航空无线电公司
OFP	Operation Flight Process	操作飞行程序
ANP	Actual Navigation Performance	实际导航性能
SID	Standard Instrument Department	标准仪表离场
STAR	Standard Terminal Approach Route	标准终端进场航路

TACAN	TACtical Air Navigation	塔康
ADL	Airborne Data Loader	机载数据装载机
PDL	Potable Data Loader	便携数据装载机
ASCB	Avionics Standard Communication Bus	航空标准通信总线
APM	Air Press Module	气压模块
APU	Auxiliary Power Unit	辅助动力系统
MRC	Modular Radio Cabinet	模块化无线电组件箱
NIM	Network Interface Module	网络接口模块
DVDR	Digital Voice Data Recorder	数字音频记录器
CMC	Central Maintenance Computer	中央维护计算机
EGPWS	Enhanced Ground Proximity Warning System	增强型近地告警系统
MWF	Monitor Warning Function	监视告警功能
GP	Guidance/display control Panel	制导/显示控制板
ADF	Automatic Direction Finder	自动定向机
RNP	Required Navigation Performance	所需导航性能
PBN	Performance Based Navigation	基于性能的导航
GNSS	Global Navigation Satellite System	全球导航卫星系统
WPT	Way PoinT	航路点
APM	Aircraft Personality Module	飞机个性化模块
NDB	Non-Directional Beacon	无方向信标
FMGC	Flight Management and Guidance Computer	飞行管理和制导计算机
ND	Navigation Display	导航显示器
PFD	Primary Flight Display	主飞行显示器
RMP	Radio Management Panel	无线电管理面板
ATC	Air Traffic Control	空中交通管制
ATSU	Air Traffic Service Unit	空中交通服务模块
CI	Cost Index	成本指数
FQIC	Fuel Quality Indication Computer	燃油量指示计算机
XPDR	Transponder	应答器
GS	Gain Scheduling	增益规划

目　录

第1章 绪 论

从有人驾驶的动力飞行器问世至今100多年以来,飞行器从设计、制造到使用,从发动机、翼型到航电设备都发生了革命性的进步,按发动机划代如今已经发展到了第四代飞行器。但无论如何发展,飞行安全一直是飞行器设计的最高目标,在民用航空领域尤其如此,把乘客安全地送达目的地始终是民用客机最为重要的目标。飞机的经济性、舒适性和正点运行虽然也很重要,但相对飞行安全而言都处于次要位置。为此国际民用航空组织和各航空大国均出台了相关适航法规,约束飞行器从设计到制造,从试飞试验到商业运营直至报废的各个生命环节。

飞行控制系统作为辅助飞行员操纵飞行器完成上述目标的系统工具,是现代高性能飞行器实现安全飞行和完成复杂飞行任务的重要保证,更是现代飞机系统中与总体设计、结构强度和发动机同等重要的环节。

1.1 民用飞机发展历史

无论在国外还是国内,民用飞行器的发展都是在军用飞机或者说军用运输机的基础上发展起来的。

1.1.1 国外民机发展历程

早期的民航飞机可以追溯到洛克希德·马丁公司在1943年生产的星座式飞机(见图1-1)和道格拉斯公司于1946年生产的DC-6飞机,它们都采用活塞式发动机,且外形基本相同。

图1-1 星座式飞机

波音公司于1952开始研制DASH 80飞机,并于1954年首飞。美国军方在该型飞机基础上发展出了著名的C-135运输机和KC-135加油机。后来在美国军方的许可下,波音公司将其发动机由涡轮喷气发动机更换为效率更高、性能较好的涡轮风扇发动机,并做了许多改进,使其成为当今民航飞机经典布局的波音707飞机(见图1-2),并于1958年10月将其投入航线使用。

图1-2　波音707飞机

波音707也有不少改型应用在军事方面,军用型除KC-135外还包括美空军的E-3、E-6和E-8等。此外,过去美国总统的专机也是由波音707改装而成的。由波音707基本型改进而来的707-100/200型,主要用于美国国内航线,共生产了143架;而其加长型707-300/400型主要用于洲际航线,共计生产616架。

1972年,时任美国总统尼克松正是乘坐由波音707飞机改装的美国"空军一号"(注:美空军把任何一架为总统服务的飞行器都称为"空军一号")飞抵中国,成为中国外交史上的重大事件。中国也由此开始认识波音飞机,同年,中国就订购了10架波音707飞机。1973年8月,中国技术人员结束了在西雅图的培训,乘坐所订购的第一架波音707飞机从波音公司机场起飞并到达上海,这标志着波音飞机开始进入中国市场。

目前,仍有100余架民用型波音707在使用中,它们主要改装为货机使用。为了满足日益严格的噪声标准,在波音707飞机上一般都加装降噪设备,这种型号被定为Q707,也有部分波音707为了降低噪声更换、使用了JT8D发动机,并加装小翼改进性能。

1964年开始研制的波音737飞机(也被称为传统型波音737)是波音公司生产的双发(动机)中短程运输机,被称为"世界航空史上最成功的民航客机",于1968年2月投入航线运营。波音737飞机基本型为波音737-100型。传统型波音737分100/200/300/400/500型五种。1998年12月5日,第3 000架传统型波音737出厂。目前,传统型波音737均已停止生产,据官方公布的数据,传统型波音737共生产了3 132架。

1993年11月,新一代波音737项目正式启动,新一代波音737分600/700/800/900型四种,它以出色的技术赢得了市场青睐,被称为"卖得最快的民航客机",截至2005年6月底,已交付超过1 700架。新一代737系列飞机的尾翼是在中国制造的:上海飞机制造厂生产水平尾翼,西安飞机制造厂生产垂直尾翼,沈阳飞机制造厂生产机身尾部48段。这三种产品组合在一起,就是新一代737飞机的尾翼。波音737-800如图1-3所示。

波音 747 飞机是波音公司生产的四发(动机)远程宽机身运输机,1970 年 1 月首架 747 交付泛美航空公司并投入航线运营,由此开创了宽体客机航线运营新纪元。波音 747 的双层客舱及独特外形成为其最易辨认的外部特征。波音 747 如图 1-4 所示。

图 1-3　波音 737-800 飞机

图 1-4　波音 747 飞机

法国、德国、英国、荷兰和西班牙等国共同建立的空客公司是当前世界范围内另一大民用航空工业公司,其民航飞行器研发的历史并不落后于波音公司。1969 年 9 月,空客公司开始研制双发宽体客机空客 A300(见图 1-5),1974 年 5 月交付使用,目前已交付数量超过500 架。

A300 成为第一架只需两位飞行员驾驶的宽体飞机,A300 与 A310 的数位式驾驶舱,已成为业界的参考典范,而 A310 是第一架采用电子飞行仪表与驾驶舱中央电子飞行监视器的客机,其另一个创新在于使用了电子信号,取代了以往由钢索操作的控制面。

图 1-5　空客 A300 飞机

A320 系列飞机是空客公司研制的双发中短程 150 座级客机(见图 1-6),是世界上第一种采用电传操纵系统的民航客机,包括 A318、A319、A320 及 A321 四种衍生型号。这四种客机拥有相同的基本座舱配置,飞行员只要接受相同的飞行训练,就可驾驶以上四种不同的客机,这种共通性设计大幅降低了维修成本及备用航材库存。1994 年 5 月,波音公司购买了一架二手 A320 飞机陈列在西雅图,以此来激励波音员工,这可能也是空客公司的荣耀。

A330 和 A340 是空客公司在分析世界主要航空公司 20 世纪 90 年代需求后,于 1986 年 1 月宣布研制的两种先进双通道宽体客机。除了发动机的数量和与发动机相关的系统外,这两种机型有很大的共同性:它们有 85% 的零部件可以通用,采用同样的机身,只是长度不同,驾驶舱、机翼、尾翼、起落架及各种系统都相同,以降低研制费用。A330 和 A340(见图 1-7)采用了许多现代化技术(如电传操纵和多功能座舱显示装置),由于采用先进机翼、高效率发动机及大量的复合材料,减轻了飞机的重量,飞机每座公里油耗和每座直接使用成本都有较大下降。

图 1-6　空客 A320 系列飞机

图 1-7　空客 A340 飞机

针对民用航空市场的发展,空客公司调研后认为未来发展趋势是干线机场间的大宗旅客点对点运输,由此决定研制迄今为止世界上最大的民用客机 A380。其研制过程曲折且耗时冗长,最终因多次延期、市场定位偏差等多种因素,已经逐步退出航线市场运营。而波音公司调研则认为发展趋势是乘坐舒适性和燃油经济性,并决定研发波音 7E7 梦想飞机,即目前在役的波音 787 飞机,相比 A380,其商业成功度较高。

1.1.2　中国民机发展历程

在 1903 年莱特兄弟成功飞行以后,欧美各国掀起了飞行热潮,在旅美华侨中也同样引起了关注。1909 年 9 月 21 日,冯如在美国奥克兰制造了中国人的第一架飞机并成功试飞,后来冯如还将自己制造的飞机带回国内,但不幸在国内一次飞行表演中身亡。

1949 年以前,中国的飞机主要从欧美各国获得,并主要作为领导人专机和少量军事用途。中华人民共和国成立以后,我国航空工业从引进、维修和仿制苏联飞机起步,经过几十年的发展,目前已基本摆脱苏式产品的影子,并走出一条从设计到试验生产的自主研发道路,产品涵盖了直升机、运输机、教练机、歼击机、轰炸机和无人机等满足不同需要的多种类型飞行器。

在空客 A300 飞机立项并开始研制两年后,我国第一架大型客机运 10 在当时国内工业基础较好的上海立项。该项目汇集了当时全国各部门最优秀的设计人员,突破了苏联飞机的设计规范,第一次参照美国适航条例 FAR－25 部标准研制,且大量引用国外先进技术,于 1978 年完成了飞机设计,1980 年 9 月 26 日,运 10 首飞上天。运 10 飞机如图 1－8 所示。

　　运 10 客舱按经济舱布置是 178 座,混合级布置是 124 座,最大起飞重量 110 t,最大商载 25 t,最大巡航速度 974 km/h,最大商载航程 3 150 km。运 10 共试制了两架,一架作静力强度试验,完全符合设计要求,一架从 1980 年 9 月首次试飞后,飞到过北京、哈尔滨、乌鲁木齐、郑州、合肥、广州、昆明、成都,七次飞到拉萨。到 1985 年,运 10 共飞了 130 个起落,170 个小时,没有发生过问题。这不仅填补了我国民航工业在这方面的空白,且使我国成为继美、苏、英、法之后,第五个能制出 100 吨量级飞机的国家。但由于各种原因,运 10 于 20 世纪 80 年代下马。

图 1－8　运 10 飞机

　　新舟 60 飞机(英文称 Modern Ark 60,英文缩写为"MA60")如图 1－9 所示,是中国航空工业第一集团公司下属西安飞机工业(集团)公司(现为中航西飞民用飞机有限责任公司,简称西飞公司)在运-7 短/中程运输机的基础上研制生产的 50～60 座级双涡轮螺旋桨发动机支线飞机。

图 1－9　新舟 60 飞机

　　早期 MA60 原型机称为运 7－200A 型。新舟 60 大量采用集成国外技术成熟的部件,换装普拉特·惠特尼公司 PW－127J 型涡桨发动机,按照新机设计要求,对驾驶舱内操纵系统、电子设备、警告系统、仪表板和操作台等进行了全新配套设计。

　　新舟 60 飞机是中国首次按照民航适航条例 CCAR－25 进行设计、生产和试飞验证的民航飞机。在研制过程中,西飞公司采取多种国际合作方式,包括向波音公司进行技术咨询、引进成品的技术培训、聘请乌克兰飞机设计专家进行咨询、特邀加拿大试飞员协助试飞等,并按照 CCAR-142 部标准建立了新舟 60 飞机飞行训练中心。

新舟 60 飞机在安全性、舒适性、维护性等方面达到或接近世界同类飞机的水平;使用性能良好,油耗低、维修方便,简单实用;可承载 52~60 名旅客,航程 2 450 km;适宜支线航线的运营。新舟 60 飞机的价格为国外同类飞机的 2/3,直接使用成本比国外同类飞机低 10%~20%。目前,新舟 60 现有客户 20 余家,交付飞机 70 架,订单及意向 187 架,拥有 200 多条航线,遍布非洲、拉美、东南亚、独联体等区域。

2008 年 6 月 29 日,我国新一代支线客机——新舟 600 飞机(见图 1-10)在西飞公司总装下线,它是新舟系列飞机的新成员,是由新舟 60(MA60)飞机根据市场及用户的需求升级换代改进而来的,在综合航电系统、结构设计和客舱内环境、舒适程度、系统的维护性和可靠性等方面进行了改进。

图 1-10 新舟 600

新舟 600 主要的改进项目包括以下几点:

1)通过结构改进,提高了飞机的维护性和整机疲劳寿命;

2)采用了玻璃化座舱,具备由 5 个综合显示器组成的综合航电系统;

3)通过综合航电与故障诊断系统的设计改进,提高了故障快速诊断能力和飞机的出勤率;

4)新舟 600 最大航程达到 3 000 km,通过开发延程飞行(ExTended-range OPerationS,ETOPS)功能满足了特殊用户对跨海飞行的选装需求;

5)新舟 600 飞机在机舱内装饰等方面进行了新改进,提高了飞机的舒适性。

此外,改进项目还包括整机减重,缩短了起飞距离,增加了商载,节油性能更好,有效提升了飞机运营的经济性。新舟 600 飞机商载提高 7%~8%,维护成本降低 10%。通过结构改进、综合航电系统改进、舒适程度提升,以及新增加跨海飞行能力等创新和改进,新舟 600 达到了国际同类先进飞机的性能水平,特别适合距离在 800 km 以下的中短途支线运输。它每座的运营成本比涡轮喷气飞机低 40% 左右,靠一边的单桨发动机就能在跑道上起飞降落,安全性和节能性都很高。

新舟 700(MA700)飞机是西飞公司从 2006 年开始论证的新型涡桨支线飞机,于 2008 年获得了中航工业集团公司内部立项。该型飞机是在新舟 600 的支线客机的基础上发展而来的。新舟 700 客机是新一代高速涡桨支线飞机,定位于承担 800 km 以内中等运量市场的区域航空运输业务,能够适应高原高温地区的复杂飞行环境和短距频繁起降。该型飞机具有经济、舒适、快速、先进、机场与航线适应性好的特点,为不同地区的客户提供全寿命期定制化解决方案。2021 年末,新舟 700 在西安阎良首飞。

ARJ21(翔凤客机)是中国商用飞机有限责任公司研制的双发动机支线客机。ARJ21 是英文名称"Advanced Regional Jet for the 21st Century"的缩写,意为 21 世纪新一代支线喷气式客机。它属于 70～90 座级的中、短航程涡扇发动机新支线客机,拥有基本型、加长型、货机和公务机等四种不同容量的机型;采用"异地设计、异地制造"的全新运作机制和管理模式。机体各部分分别在国内四家飞机制造厂生产。ARJ21 项目研制采取广泛国际合作的模式,采用了大量国际成熟先进技术和机载系统,发动机、航电、电源等系统全部通过竞标在全球范围内采购。

ARJ21 飞机于 2002 年 4 月正式立项,2008 年 11 月 28 日 ARJ21 - 700 飞机在上海飞机制造厂首次试飞,飞行 62 min 后降落,取得圆满成功。首飞完成后,随即进入试飞试验、适航取证等投入市场前的阶段。ARJ21 飞机如图 1 - 11 所示。

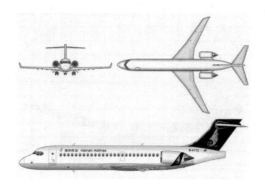

图 1 - 11　ARJ21 飞机

ARJ21 主要机型如下。

1)ARJ21 - 700 基本型。其混合级布局 78 座、全经济级布局 90 座,采用 CF34 - 10A 发动机。其有标准航程型以及增大航程型:标准航程型的满客航程为 2 225 km(约 1 200 n mile),主要用于满足从中心城市向周边中小城市辐射型航线的使用要求;增大航程型的满客航程为3 700 km(约 2 000 n mile),能满足"点对点"瘦长航线的使用要求。ARJ21 - 700 飞行高度约11 900 m。

2)ARJ21 - 900 加长型。其混合级布局 98 座、全经济级布局 105 座,采用 CF34 - 10A 发动机。其有标准航程型以及增大航程型:标准航程型满客航程为 2 225 km(约 1 200 n mile),增大航程型满客航程为 3 334 km(约 1 800 n mile)。

3)ARJ21F 货运型。其主货舱长 19.033 m,可安排 4～5 个 LD7 集装箱或 4～5 个 PIP 集装盘,最大载重 10 150 kg。其设计航程为 3 334 km(约 1 800 n mile)。

4)ARJ21B 公务机型。其满客(20 名乘员)航程为 6 112 km(约 3 300 n mile)。

ARJ21 民用新支线客机采用两台通用电气公司的 CF34 - 10A 涡轮风扇发动机,具有油耗低、噪声低、可靠性高、维修方便的特点;飞行速度与干线大飞机相当;驾驶舱采用两人体制,航电系统采用总线技术、LCD 平板显示并综合化。飞行控制系统为电信号控制、液压或机电作动的电飞行控制系统。客舱宽度为 123.7 in(3.14 m),比庞巴迪 CRJ700/900 和巴西 ERJ170/190 宽 15～25 m,是支线飞机中客舱最宽敞的飞机之一。ARJ21 翔凤客机为单通道客舱,经济舱每排 5 座,采用 3+2 布局。其主要特点如下:

· 替代较小支线飞机,满足中国西部使用要求,实现中国西部热点航线满客营运的突破和远距离直飞,提高服务水平;

· 替代较大飞机,增加航班频度,满足乘客需求;

· 用于国内"点对点"的瘦长航线飞行,提高营运效率;

· 将枢纽机场中心-辐射式航线延伸到较小的机场;

· 在非高峰时间为枢纽机场主要航线提供经济的空运工具;

· 满足国内对公务机和支线货机的发展需求;

· 为飞行员改装升级提供过渡培训机种。

C919 是中国继运 10 后自主设计的第二款国产大型客机。C 是 China 的首字母,也是中国商用飞机有限责任公司英文缩写 COMAC 的首字母,寓意着立志跻身国际大型客机市场,要与空中客车公司和波音公司一道在国际大型客机制造业中形成 A、B、C 并立的格局。第一个"9"的寓意是天长地久,"19"代表的是中国首个大型客机最大载客量为 190 座。C919 飞机如图 1-12 所示。

图 1-12 C919 飞机

C919 客机属中短途商用机,实际总长为 38 m,翼展为 33 m,高度为 12 m,其基本型布局为 168 座。标准航程为 4 075 km,增大航程为 5 555 km,经济寿命达 9 万飞行小时。由于大量采用复合材料,较国外同类型飞机 80 dB 的机舱噪声,C919 机舱内噪声可望降到 60 dB 以下。机舱座位布局采用单通道,两边各三座,其中中间的座位空间加宽,有效地缓解了以往坐中间座位乘客的拥挤感。

C919 在设计上采用了大量先进技术,包括:

1)采用先进气动布局和新一代超临界机翼等先进气动力设计技术,达到比现役同类飞机更好的巡航气动效率,并与十年后市场中的竞争机具有相当的巡航气动效率;

2)采用先进的发动机以降低油耗、噪声和排放;

3)采用先进的结构设计技术和较大比例的先进金属材料和复合材料,减轻飞机的结构重量;

4)采用先进的电传操纵和主动控制技术,提高飞机综合性能,改善人为因素和舒适性;

5)采用先进的综合航电技术,减轻飞行员负担,提高导航性能,改善人机界面;

6)采用先进客舱综合设计技术,提高客舱舒适性;

7)采用先进的维修理论、技术和方法,降低维修成本。

1.2 飞行控制系统定义

自动飞行控制系统伴随飞行器技术的不断进步已有 100 多年的时间了。1891 年,海诺姆·马克西设计和建造的飞行器上就安装了改善飞行器纵向稳定性的飞行控制系统。但直到 20 世纪初,由于飞行器本身性能的不断改善,而自动控制理论也处于发展初期,因此飞行器的自动控制发展缓慢。20 世纪中期以后,飞行任务不断复杂化,对飞行器性能要求越来越高,如希望运输机飞行距离要远,侦察机飞行高度要高,而战斗机要有良好的机动性,希望飞机便于操纵,减轻飞行员的负担,这就使自动控制成了不可回避的问题,这样就出现了飞行控制系统。

1.2.1 飞行自动控制系统

(1)控制器控制的目的

1)改变飞机(或飞行器)的姿态或空间位置。

2)抗干扰——飞机受干扰作用时,控制器可保持飞机的姿态或位置不变。

(2)实现方法

通过给飞机施加力和力矩来完成,这些力和力矩能使飞机的姿态与位置保持或改变。

(3)施加的力和力矩

靠飞机上的控制面偏转产生空气动力与力矩:升降舵——纵向运动;副翼——横侧向运动;方向舵——横侧向运动。常规飞机的作动面如图 1 - 13 所示。

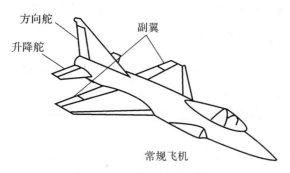

图 1 - 13 常规飞机作动面

飞行控制系统指以飞行器(飞机、导弹)为控制对象,对飞行器的运动加以控制的系统,如图 1 - 14 所示,其中:r 为参考输入;y 为输出(例如:飞机的姿态角,高度等)。飞行自动控制系统指在没有人直接参与的条件下,由控制系统自动地控制飞行器的飞行。

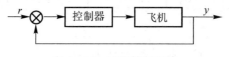

图 1 - 14 飞行控制系统

1.2.2 飞行控制系统研究涉及内容

(1)对象的建模与分析

对任何被控对象的分析都是建立在数学模型基础之上的。作为呈现三个自由度的空中飞行器,其运动过程中复杂的运动特性和后续控制器设计更是脱离不了飞行数学模型。主要通过经典的牛顿力学定律建立其数学模型,描述飞行器沿质心和绕质心的质点运动和姿态运动。

无论是采用状态空间方法,还是采用常微分方程形式,抑或是传递函数形式表达的飞行器运动方程,都可以运用自动控制原理中的经典控制系统分析方法对其运动特性进行理论分析,并在实际飞行器运动过程中找到其物理根源。

(2)控制器设计

早期飞行器作为驾驶员操纵的系统设备,从控制角度来看,是一个开环被控对象,驾驶员的眼睛作为传感器,手和脚作为指令的发出机构,构成了整个人在环的闭环被控系统,似乎不存在控制器设计的问题。但随着飞行器技术的不断发展,速度越来越高,指标要求越来越严苛,而飞行器本身的开环系统并非自稳定系统,单纯依靠飞行员人力已不能完成对飞行器的全程操控了,因而各通道阻尼器、增稳系统,自动驾驶仪等等包含控制器设计理念的设备成了飞行器的标准配置。

理论上讲,控制器设计就是在前述对象建模和分析的基础上,针对开环被控对象特性与设计指标间的偏差,开展闭环控制系统的设计,使得所设计的控制器和被控飞行器组成的新飞机满足指标要求。

(3)闭环系统分析

闭环系统分析实际和控制器设计是一个相互迭代的过程,闭环系统分析作为控制器设计验证和分析手段,检验其效果并反馈,从而进行进一步的改进,直至满足期望的设计目标。

1.2.3 基本组成与自动飞行原理

每一架飞行器控制器设计之后的闭环系统分析都有其具体详细的目标要求,但总的来说,任何一架飞机其控制器设计的目标大都包含以下几个方面。

1)改善飞机的稳定性、机动性、操纵性,提高飞机的飞行品质。

2)减轻飞行员的负担。

3)使飞机设计实现随控布局设计(即按气动、结构、推进和自控四个要素协调设计飞机)。

(1)飞行控制(简称飞控)系统的基本组成

人操纵飞机的过程为:飞行员看仪表—大脑判断—手脚动作—调整飞机。在大脑中实现负反馈的过程,这是一个反馈系统,即为闭环系统(见图 1-15)。

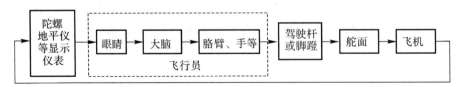

图 1-15 驾驶员操纵飞机的过程

（2）自动飞行控制过程

若用自动控制系统代替飞行员操纵飞机，则图 1-15 改为图 1-16。

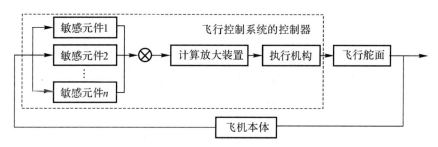

图 1-16 自动飞行控制系统原理图

（3）自动飞行原理

飞机偏离原始状态，敏感元件感受到偏离的方向和大小，并输出相应信号，经放大、计算处理，操纵执行机构（舵机），使控制面（如升降舵面）相应偏转。由于整个系统是按负反馈的原则连接的，其结果是使飞机趋于原始状态。

1）敏感元件、综合装置、放大元件、执行元件构成了飞控系统的核心，称为自动驾驶仪。

2）在飞机调整中，不断与给定要求进行对比，按差值调节，从而实现负反馈的控制过程。

1.3　自动飞行控制系统的基本回路

1.3.1　舵回路

舵回路，又称小回路（伺服回路），是由舵机的输出端反馈到输入信号端（用以控制舵面）构成的回路，是一个随动系统，如图 1-17 所示。

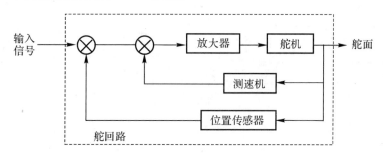

图 1-17 舵回路

舵回路由放大器、舵机、反馈元件（作用是改善舵回路特性）组成，随反馈形式的不同可分成三类：

1）比例式：由位置传感器将舵面角位置信号反馈到舵回路的输入端，使控制信号与舵偏角一一对应。

2）积分式：用测速机测出舵面偏转的角速度，反馈给放大器以增大舵回路的阻尼，改善舵回路的性能。

3)均衡式:比例＋积分,是上述两种方式优点的总和。

舵回路负载指舵面的惯量和作用在舵面上的气动力矩(铰链力矩)。

1.3.2 稳定回路

稳定回路指舵回路加上敏感元件和放大计算装置组成自动驾驶仪(AP),并与飞机组成的新回路(见图 1-18),其作用是稳定飞机的姿态(或稳定飞机的角速度)。

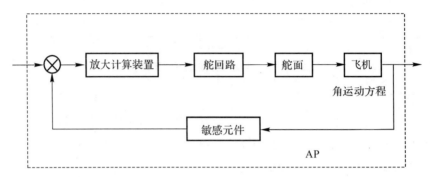

图 1-18 稳定回路

1.3.3 控制回路

控制回路又称控制与导引回路,简称制导回路,如图 1-19 所示。这个回路是完成对飞机重心轨迹控制的回路,它以稳定回路为内回路。飞机重心位置的改变是通过控制飞机角运动来实现的。

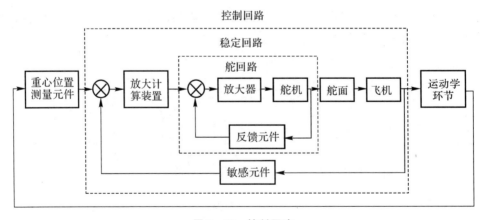

图 1-19 控制回路

1.4 飞机的增稳

飞机的增稳控制回路如图 1-20 所示。

1)阻尼器:引入飞机角速度负反馈,并与放大器和串联舵机组成阻尼器,增强角运动阻尼,增加稳定性。

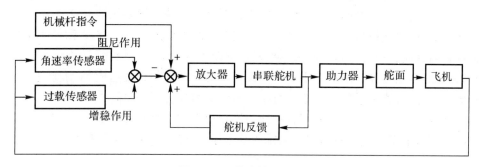

图 1-20 增稳控制回路

2)控制增稳系统:除了增大阻尼外,还可增加静稳定性和改善操纵性。回路中一般包括角速率及用于增稳迎角 α(纵向)或侧滑角 β(侧向)信号的测量元件,以及放大器和串联舵机。

稳定回路与增稳回路两者的区别:

1)稳定回路:使飞机在完成空中配平后才投入工作,并且一旦投入工作后,飞行员只能通过操纵台上的按钮来操纵飞机。它属于自动飞行控制系统。

2)增稳回路:在飞机起飞时就投入工作,此时飞机仍由飞行员来操纵,增稳阻尼系统只起增稳、阻尼作用。此时驾驶员与增稳系统共同操纵飞机,因此是有人驾驶情况下的自动控制系统,而不属于自动飞行控制系统。

1.5 飞行控制系统发展

飞行控制系统的发展经历如下:

1)初期采用自动驾驶仪稳定飞机的角运动。

2)20 世纪 50 年代前自动驾驶仪用于运输机和轰炸机的平飞。飞机自动驾驶仪逐渐与机上其他装置耦合以控制航迹(定高和自动下滑等),既能稳定飞机,又能全面控制飞机,直至全自动着陆。

3)20 世纪 60 年代自动驾驶仪功能扩展成为自动飞行控制系统(Automatic Flight Control System,AFCS),产生了随控布局飞行器设计的新思想。

4)20 世纪 80 年代已在研制把火控系统、推进装置控制系统和飞行控制系统集成为火/推/飞综合控制系统,以使各系统协同工作,更完善地完成飞行任务。

1.6 本课程涉及的内容

(1)第 2 章,飞行动力学。在介绍空气动力学的基础上,建立飞机运动方程(包括全量方程、线性化小扰动方程及飞机的状态方程)。

(2)第 3 章,舵机与舵回路。针对飞行控制所必需的舵面驱动问题,介绍常规舵面原理和数学模型。

(3)第 4 章,飞行控制系统分析。对民航飞行器常用的阻尼器、增稳系统,以及已经成为现代民机标准配置的控制增稳系统进行介绍,通过稳定回路和控制(制导)回路介绍民机姿态稳定与控制、轨迹控制相关问题。

(4)第5章,现代飞行控制技术。对电传操纵系统及主动控制系统做简单介绍。

(5)第6章,民用飞机自动飞行控制系统。主要介绍民机自动飞行控制系统的几个基本组成,包括自动驾驶仪、飞行指引系统、飞行模式控制板和自动油门系统。

(6)第7章,自动驾驶仪系统。主要介绍民机常见自动驾驶仪的组成、工作原理。

(7)第8章,飞行指引系统。介绍飞行指引系统的组成、工作原理。

(8)第9章,自动油门系统。介绍自动油门系统的组成、工作原理。

(9)第10章,配平系统。介绍配平系统的基本原理、组成,并以纵向配平系统为例进行详细讲解。

(10)第11章,典型民机飞行控制系统。以 E190 飞机、波音 777 飞机和空客 320 飞机为例,介绍现代民机飞行控制系统框架。

(11)第12章,飞行/推进一体化控制。介绍飞行/推进一体化控制的发展历程、相关技术和基本框架。

(12)第13章,飞行管理系统。介绍飞行管理系统相关知识,基本原理,飞行管理系统的功能和接口,飞行管理系统主要的导航和性能管理的基本原理。

(13)第14章,典型民机飞行管理系统。以波音 737NG 飞机、E190 飞机和空客 320 飞机为例,介绍飞行管理系统的基本构成和工作原理。

思 考 题

(1)在飞行控制系统中,控制器的控制目的是什么?

(2)试说明飞行控制系统研究所涉及的几个主要内容。

(3)飞机器控制器设计的目标大都包含哪些方面?

(4)自动飞行控制系统的基本回路包含哪些方面?

第 2 章　飞行动力学

为了准确描述飞行器在大气中的运动(数学建模),首先要建立坐标系以及常用坐标系间的变化关系,定义必要的运动变量,介绍空气动力、力矩以及推力和重力的作用。

2.1　坐标系、运动参数与操纵机构

刚体飞行器的空间运动可以分为两部分:质心运动和绕着质心的运动。描述任意时刻的空间运动需要六个自由度:三个质心运动和三个角度运动。实际飞行器在空中高速飞行,不论是弹性形变,还是燃油消耗,本身都是弹性和刚性相结合,且为时变非线性被控对象。但在飞行控制系统分析中,采用简化方法将飞行器用刚体系统进行描述。

作用在飞机上的重力、发动机推力和空气动力及其相应力矩的产生原因是各不相同的,因此选择合适的坐标系来方便确切地描述飞机的空间运动状态是非常重要的。合理选择不同的坐标系来定义和描述飞机的各类运动参数,是建立飞机运动模型进行飞行控制系统分析与设计的重要环节。由于飞机运动各参数定义在不同坐标系上,因此在建模过程中通过坐标系变换进行向量的投影、分解是不可避免的。

2.1.1　坐标系

(1)地面坐标系 $O_g X_g Y_g Z_g$

这个坐标系与视作平面的地球表面相固连,如图 2-1 所示。

· 原点 O_g:地面上某点,如飞机起飞点;
· 纵轴 $O_g X_g$:在地平面内并指向应飞航向,坐标 $O_g X_g$ 表示航程。
· 横轴 $O_g Y_g$:也在地平面内并与纵轴垂直,向右为正,坐标 $O_g Y_g$ 表示侧向偏离。
· 立轴 $O_g Z_g$:垂直地面指向地心,坐标 $O_g Z_g$ 表示飞行高度。

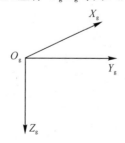

图 2-1　地面坐标系

（2）机体坐标系 $O_bX_bY_bZ_b$

机体坐标系如图 2-2 和 2-3 所示。

- 原点 O_b：在飞机质心处，坐标系与飞机固连。
- 纵轴 O_bX_b：在飞机对称平面内，与飞机轴线平行（或平行于翼弦），指向前方（机头）。
- 横轴 O_bY_b：垂直于纵轴对称平面指向右方。
- 立轴 O_bZ_b：在飞机对称平面内，且垂直于 O_bX_b 轴指向下方。

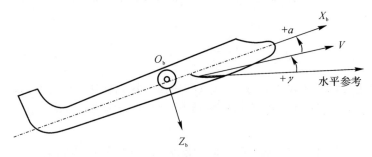

图 2-2　机体坐标系（侧向）

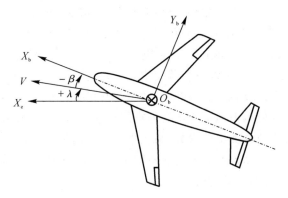

图 2-3　机体坐标系（俯向）

（3）速度坐标系 $O_aX_aY_aZ_a$

速度坐标系如图 2-4 所示。

- 原点 O_a：取在飞机质心处，坐标系与飞机固连。
- 纵轴 O_aX_a：与飞机速度的方向一致，不一定在飞机对称平面内。
- 横轴 O_aY_a：垂直于 $X_aO_aZ_a$ 平面指向右方。
- 立轴 O_aZ_a：在飞机对称平面内且垂直于 O_aX_a 轴指向机腹。

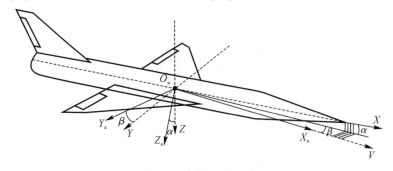

图 2-4　速度坐标系

(4)稳定坐标系 $O_wX_wY_wZ_w$

稳定坐标系如图 2-5 所示。

· 原点 O_w：取在飞机质心处，坐标系与飞机固连。

· 纵轴 O_wX_w：始终与稳定状态下(基准运动的质心)的速度向量一致相重合(与机体坐标 O_bX_b 相差一个等速平飞时的迎角或称基准运动的迎角)。

· 立轴 O_wZ_w：在对称平面内与 O_bX_b 垂直，指向机腹为正。

· 横轴 O_wY_w：与 $X_bO_bY_b$ 垂直指向右翼为正。

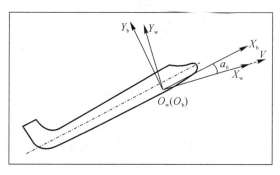

图 2-5　稳定坐标系

2.1.2　飞机运动参数

常用的飞机运动参数包括姿态角系、气流角系和航迹角系，各角系主要描述上述各坐标系间的角度关系。

(1)姿态角系

姿态角指机体轴系与地面轴系的关系，即通常所指的欧拉角。姿态角系如图 2-6 所示。

1)俯仰角 θ：飞机机体轴 O_bX_b 与地平面间的夹角，在水平面上方为正。陀螺测量轴→水平轴 O_xY_g。

2)滚转角 ϕ：飞机机体轴 O_bZ_b 与包含机体轴 O_bX_b 的铅垂面间的夹角，飞机向右倾斜时为正。测量轴→纵轴 O_gX_g。

3)偏航角 ψ：飞机机体轴 O_bX_b 在地平面上的投影与地面轴系中 O_gX_g 间的夹角，以机头右偏航为正。测量轴→铅垂轴 O_gZ_g。

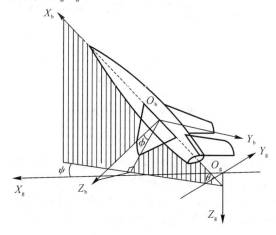

图 2-6　姿态角系

（2）气流角系

气流角又称气动角,由飞行速度矢量与机体坐标系之间的关系确定。气流角系如图 2-7 所示。

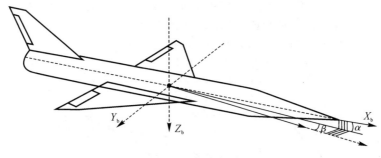

图 2-7　气流角系

1)α(迎角也叫攻角):空速向量 V 在飞机对称平面内投影与机体纵轴 O_bX_b 夹角,以 V 的投影在轴 O_bX_b 之下为正。测量轴→机体横轴 O_bY_b。迎角如图 2-8 所示。

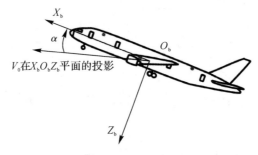

图 2-8　迎角示意图

2)β(侧滑角):空速向量 V 与飞机对称平面的夹角,以 V 处于对称面右侧为正。侧滑角如图 2-9 所示。

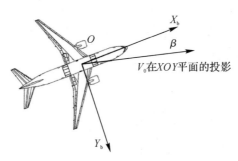

图 2-9　侧滑角示意图

（3）航迹角系

飞机航迹角是由气流坐标系与地面坐标系之间的关系确定的,航迹角如图 2-10 所示。

1)航迹倾斜角 μ:空速向量 V 与地平面间的夹角,以飞机向上为正。

2)航迹滚转角 χ:速度轴 OZ_a 与包含速度轴 OX_a 的铅垂面间的夹角,以飞机右倾为正。

3)航迹方位角 γ:空速向量 V 在地平面内的投影与 O_gX_g 间的夹角,以投影在 O_gX_g 右边为正。

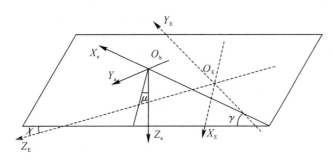

图 2 - 10　航迹角

（4）机体坐标系角速度分量

机体坐标系的三个角速度分量 p,q,r 是机体坐标系相对于地轴系的转动角速度 w 在机体坐标系各轴上的分量。

1）滚转角速度 p：与机体轴 X_b 重合一致；

2）俯仰角速度 q：与机体轴 Y_b 重合一致；

3）偏航角速度 r：与机体轴 Z_b 重合一致。

（5）机体坐标系的速度分量

机体坐标系的三个速度分量 u,v,w 是飞行速度 V 在机体坐标系各轴的分量。

1）u：与机体轴 X_b 重合一致；

2）v：与机体轴 Y_b 重合一致；

3）w：与机体轴 Z_b 重合一致。

（6）坐标系间的关系

各坐标系关系如图 2 - 11 所示。

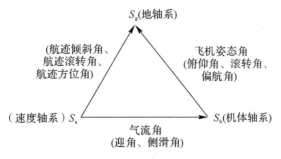

图 2 - 11　坐标系关系图

（7）飞机在空间的位置

用飞机质心在地轴系中的坐标 X_g,Y_g,Z_g 来确定，其中飞机飞行航程 L 为 X_g，飞机飞行高度为 Z_g，飞机偏航距离为 Y_g。

2.1.3　坐标变换

在实际使用中，为了方便地描述飞机的空间运动状态，常需要对各坐标系进行转换：

（1）基元变换矩阵

基元变换过程如图 2 - 12 所示。

基元变换矩阵描述了飞机最简单的平面坐标系变换：

$$X_1 = X\cos\alpha + Y\sin\alpha$$

$$Y_1 = -X\sin\alpha + Y\cos\alpha \qquad (2-1)$$

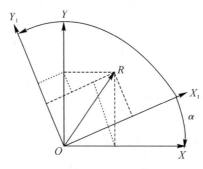

图 2-12　基元变换图

（2）空间三维坐标系基元变换矩阵

空间三维坐标系基元变换矩阵如下：

$$\boldsymbol{B}_z(\alpha) = \begin{bmatrix} \cos\alpha & \sin\alpha & 0 \\ -\sin\alpha & \cos\alpha & 0 \\ 0 & 0 & 1 \end{bmatrix} \qquad (2-2)$$

$$\boldsymbol{B}_y(\alpha) = \begin{bmatrix} \cos\alpha & 0 & -\sin\alpha \\ 0 & 1 & 0 \\ \sin\alpha & 0 & \cos\alpha \end{bmatrix} \qquad (2-3)$$

$$\boldsymbol{B}_x(\alpha) = \begin{bmatrix} 1 & 0 & 0 \\ 0 & \cos\alpha & \sin\alpha \\ 0 & -\sin\alpha & \cos\alpha \end{bmatrix} \qquad (2-4)$$

（3）空间两个坐标系的变换

一般情况下，一个空间坐标系需要经过三次连续转动才能与另一个坐标系完全重合。三次旋转分别为绕 OZ 轴、OY 轴及 OX 轴进行（或依次按 $\dot{\psi},\dot{\theta},\dot{\varphi}$ 旋转），两个坐标系之间的转换过程如图 2-13 所示。

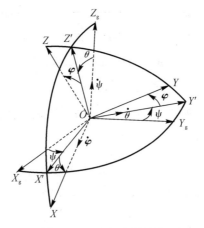

图 2-13　坐标空间转换

（4）坐标系间的转换

在实际使用中,为了方便地描述飞机的空间运动状态,常需要对各坐标系进行转换。其具体转换如下:

1)机体轴系与地面轴系的转换,见表 2-1。

表 2-1　地轴系与机体轴系间的余弦表

	$O_E X_E$	$O_E Y_E$	$O_E Z_E$
OX_b	$\cos\varphi\cos\theta$	$\sin\varphi\cos\theta$	$-\sin\theta$
OY_b	$\cos\varphi\sin\theta\sin\phi-\sin\varphi\cos\theta$	$\sin\varphi\sin\theta\sin\phi+\cos\psi\cos\theta$	$\cos\theta\sin\phi$
OZ_b	$\cos\varphi\sin\theta\cos\phi+\sin\varphi\cos\theta$	$\sin\varphi\sin\theta\cos\phi-\sin\varphi\cos\theta$	$\cos\theta\sin\phi$

2)速度轴系与地面轴系的转换,见表 2-2。

表 2-2　速度轴系与地面轴系间的余弦表

	$O_E X_E$	$O_E Y_E$	$O_E Z_E$
$O_a X_a$	$\cos\chi\cos\gamma$	$\sin\chi\cos\gamma$	$-\sin\gamma$
$O_a Y_a$	$\cos\chi\sin\gamma\sin\mu-\sin\chi\cos\mu$	$\sin\chi\sin\gamma\sin\mu+\cos\chi\cos\mu$	$\cos\gamma\sin\mu$
$O_a Z_a$	$\cos\chi\sin\gamma\cos\mu+\sin\chi\sin\mu$	$\sin\chi\sin\gamma\cos\mu-\cos\chi\cos\mu$	$\cos\gamma\sin\mu$

3)速度轴系与机体轴系的关系,见表 2-3。

表 2-3　速度轴系与机体轴系间的余弦表

	$O_b X_b$	$O_b X_b$	$O_b Z_b$
$O_a X_a$	$\cos\alpha\cos\beta$	$\sin\beta$	$\sin\alpha\cos\beta$
$O_a Y_a$	$-\cos\alpha\sin\beta$	$\cos\beta$	$-\sin\alpha\sin\beta$
$O_a Z_a$	$-\sin\alpha$	0	$\cos\alpha$

2.1.4　操纵机构

作用在飞行器上的力和力矩决定着飞行器的运动,因此,为了控制飞行器的运动就必须改变这些作用在飞行器上的力和力矩,并使它们按照所要求的规律进行改变。民用飞机常规操纵舵面,如图 2-14 所示。

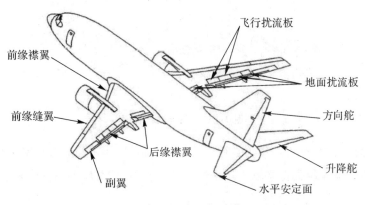

前缘襟翼
飞行扰流板
前缘缝翼
地面扰流板
方向舵
后缘襟翼
升降舵
副翼
水平安定面

图 2-14　民用飞机常规操纵舵面

　　飞行控制系统飞行器的三个姿态角、高度、速度及侧偏主要利用升降舵（见图 2-15）、副翼、方向舵（见图 2-16）、油门杆来控制。

1）升降舵偏角 δ_e：平尾后缘下偏为正 $\rightarrow \delta_e > 0$，产生低头力矩 $\rightarrow M < 0$；

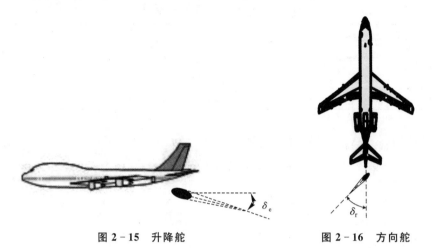

图 2-15　升降舵　　　　　　　　　图 2-16　方向舵

2）副翼偏转角 δ_a：右翼后缘下偏（右下左上）为正 $\rightarrow \delta_a > 0$，产生滚转力矩 $\rightarrow L < 0$；

3）方向舵偏转角 δ_r：方向舵后缘向左偏为正 $\rightarrow \delta_r > 0$，产生偏航力矩 $\rightarrow N < 0$；

4）油门杆位置 δ_T：向前推油门杆为正 $\rightarrow \delta_T > 0 \rightarrow$ 加大油门和推力。

驾驶员通过驾驶杆、脚蹬和操纵杆系操纵舵面，具体如下。

$$\begin{cases} \text{驾驶杆位移 } \omega_e: \begin{cases} \text{前推驾驶杆 } \omega_e > 0 \rightarrow \delta_e > 0 \rightarrow M < 0 \text{ 低头} \\ \text{左倾驾驶杆 } \omega_e > 0 \rightarrow \delta_a > 0 \rightarrow L < 0 \text{ 左滚} \end{cases} \\ \text{脚蹬位移 } \omega_r: \quad \text{左脚蹬向前 } \omega_r > 0 \rightarrow \delta_r > 0 \rightarrow N < 0 \text{ 左偏} \end{cases}$$

飞行器操纵图如图 2-17 所示。

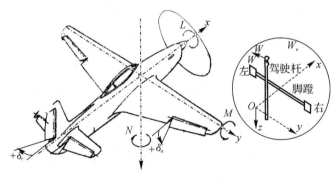

图 2-17　飞行器操纵图

　　从控制的角度讲，操纵机构作为被控系统的输入信号，用于控制被控对象相应的系统状态或输出。由于飞行器系统无论是输入还是输出量都较多，且对应关系耦合复杂，这里给出概要性的对应关系：

$$\delta_e \rightarrow \begin{cases} \theta \\ \alpha \\ H \\ V \end{cases} , \delta_a \rightarrow \begin{cases} \varphi \\ \psi \\ \beta \\ Y \end{cases} , \delta_r \rightarrow \begin{cases} \varphi \\ \psi \\ \beta \\ Y \end{cases} , \delta_T \rightarrow \begin{cases} \theta \\ \alpha \\ H \\ V \end{cases}$$

2.1.5　稳定性和操纵性

对于飞行器这样一种由飞行员操纵,且存在三个自由度运动和复杂输入输出关系的被控对象,从控制理论的角度讲必然需要对其稳定性和操纵性进行详细分析和设计。对于民用飞机而言,稳定性更是涉及乘客乘坐品质的重要问题。

从民用飞机的飞行任务剖面可以看出,在飞机执行飞行任务的绝大部分时间,飞行器都处于平流层水平定速飞行状态。从飞行器系统状态角度分析,只有飞行前向位移在发生变化,其他状态均保持恒值。对于这一运动状态,给出基准运动和扰动运动定义如下:

1)基准运动(未扰运动):指各运动参数完全按预定的规律变化。

2)扰动运动:指由于受外干扰作用而偏离基准运动的运动。

由上述定义可知,飞行器在受到扰动时,其被控系统存在稳定性问题。飞行器稳定性一般分为动稳定性和静稳定性。

1)动稳定性:扰动停止后,飞机能从扰动运动恢复到基准运动。

2)静稳定性:扰动停止的最初瞬间,运动参数变化的趋势。

无论是民机还是军机,良好的操纵性能是减轻飞行员驾驶负担,更好完成飞行任务的必要条件。操纵性是指飞机以相应的运动,回答驾驶员操纵各操纵机构的能力。操纵性能主要与被控对象系统性能和驾驶舱操纵杆特性有较大关系。

对于军机而言,还有一项非常重要的指标需要关注,即机动性。机动性指在一定时间内,飞机改变速度大小、方向和空间位置的能力。

2.2　作用在飞机上的力和力矩

由于飞行器在空中通过发动机向前的推力产生速度,进而产生向上的升力以抵消飞行器本身的重力。要分析民机飞行运动和控制系统特点,首先需要分析作用在飞行器上的力和力矩。显而易见,由于飞行器在空中三自由度地运动,作用在其上的力和力矩主要是空气动力。

2.2.1　基本概念

(1)伯努利方程

伯努利方程为

$$p + \frac{1}{2}\rho V^2 = C \tag{2-5}$$

1)含义:静压 p 与动压之和沿流管不变。

2)动压:单位体积空气流动的动能。

3)意义:在同一流管中,流速大的地方静压小,流速小的地方静压大。

(2)大气数值

飞行器在空中飞行,尤其是低速情况下满足上述伯努利方程,故所需分析的力和力矩均存在大气参数的影响,而飞行器空中飞行的变化特点决定了大气参数是随飞机飞行高度、温度和速度等值变化的量。

在海平面,地理纬度为 $45°32'33''$ 时的大气地面参数值如下:

气压 $p_0 = 101.325$ kPa;

气温 $T_0 = 288.15$ K;

密度 $\rho_0 = 1.225$ kg/m^3;

声速 $A_0 = 340.294$ m/s。

随着飞行高度的变化,气温、密度、重力加速度、声速的计算公式为

$$\left.\begin{array}{l} T = 288.15 - 0.006\,5 \times H \\ \rho = \rho_0 \times (1 - 0.225\,577\mathrm{e}^{-4} \times H)^{4.255\,88} \\ A = 20.064\,8 \times \sqrt{T} \\ g = 9.806\,65 / (1 + H/6.356\,766\mathrm{e}^6)^2 \end{array}\right\} \qquad (2-6)$$

当然,任何工程问题均是一个在容差范围内的简化问题:系统建模越复杂,对于被控对象的描述越精确;反之亦然。在常规分析飞行器运动特点过程中,可以在特定高度和飞行条件下将上述参数近似为常值。

(3)马赫数

马赫数定义为气流速度(V)和当地声速(A)之比,$Ma = V/A$。马赫数 Ma 的大小表示空气受压缩的程度。

临界马赫数:当翼面上最大速度处的流速等于当地声速时,远前方的迎面气流速度与远前方空气的声速之比。

(4)机翼术语

常用的机翼术语如下:

机翼展长 b;

机翼面积 S_w;

展弦比 $A = \dfrac{b^2}{S_w}$;

动压头 $Q = \dfrac{1}{2}\rho_\infty V_\infty^2$;

平均空气动力弦 $c_A = \dfrac{2}{S_w}\displaystyle\int_0^{b/2} c^2(y)\,\mathrm{d}y$。

(5)空气动力和空气动力系数

作用在飞机上的空气动力归为一个作用于飞机质心的合力矢量和一个合力矩矢量。

作用在飞机上的合力 F 与动压 $Q = \dfrac{1}{2}\rho_\infty V_\infty^2$、机翼面积 S_w 成正比。比例系数称为空气动

力系数。沿气流坐标系将其分解成升力 L、阻力 D 和侧力 Y。

作用在飞机上的力矩矢量沿机体轴分解成滚转力矩 L、俯仰力矩 M、偏航力矩 N。

2.2.2　纵向气动力

（1）升力 L

机翼、平尾、机身（少量）均产生升力，由此可以定义升力矢量为

$$L = L_w + L_b + L_t \tag{2-7}$$

其中：L 为总升力，L_w 为机翼升力，L_b 为机身升力，L_t 为平尾升力。

总的升力矢量大小与当地空气密度、飞行速度和机翼面积成正比，可以以下公式进行描述：

$$L = C_L Q S_w \tag{2-8}$$

其中：C_L 为总的升力系数，$Q = \dfrac{1}{2}\rho_\infty V_\infty^2$ 为上述动压头，S_w 为机翼面积。

在空气动力学上将总的升力系数表征为

$$C_L = C_{L_w} + C_{L_b}\frac{S_b}{S_w} + C_{L_t}\frac{S_t}{S_w} = C_{L_0}(M) + C_{L_\alpha}(M)\alpha + C_{L_{\delta_e}}(M)\delta_e \tag{2-9}$$

其中：C_{L_w} 为举力系数（机翼升力系数），C_{L_b} 为机身的升力系数，C_{L_t} 为平尾升力系数。当然也可以将升力系数按状态因素分为初始升力系数 C_{L_0}，迎角升力系数 C_{L_α} 和升降舵升力系数 $C_{L_{\delta_e}}$。

在起飞和着陆阶段，由于飞行速度较低，升力不足以抵消飞行器重力，尤其是民航飞机通常要通过前缘缝翼和后缘襟翼的展开，从而改变整个机翼剖面的弯度，增加升力系数从而提高升力值。升力系数和襟翼弯度间关系如图 2-18 所示。

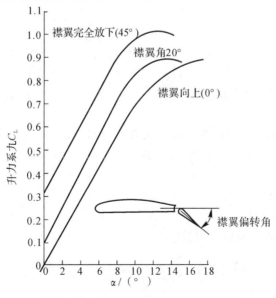

图 2-18　升力系数和襟翼弯度间关系

在图 2-18 中,需要关注以下几点:

1)$\alpha = 0$ 时,$C_{L_w} \neq (>) 0$,因为机翼有正弯度(且有一定的机翼安装角)。

2)$C_{L_w} = 0$ 时的迎角称为零升迎角 α_0,一般为负值。

3)临界迎角 α_{cr} 为使 $C_{L_w} = C_{L_{wmax}}$ 时的迎角;

4)$\alpha > \alpha_{cr}$ 时,机翼上表面气流严重分离并形成大漩涡,故升力不再增加。

5)$\alpha < \alpha_{cr}$ 时,升力系数与迎角大小与呈线性关系(正比)。

在式(2-9)中,C_{L_b} 为机身的升力系数,只有在迎角较大的情况下,机身的圆锥形头部才产生升力。机身部分不产生升力。C_{L_b} 与迎角有关,且 $C_{L_b} = a_b \alpha$,$a_b = \dfrac{\partial C_{L_b}}{\partial \alpha}$ 为机身升力线斜率。

各种飞行状态下襟缝翼展开位置如图 2-19 所示。升力系数随攻角变化图如图 2-20 所示。

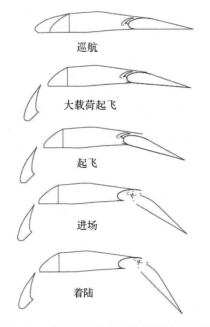

图 2-19　各种飞行状态下襟缝翼展开位置

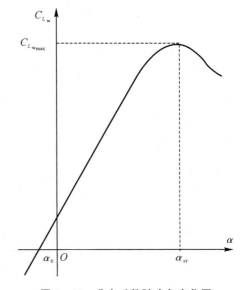

图 2-20　升力系数随攻角变化图

C_{L_t} 为平尾升力系数。平尾产生的升力由两部分组成:平尾迎角和升降舵偏角升力。平尾迎角 α_t 比机翼迎角 α 要小一个下洗角 ε。即:

$$\alpha_t = \alpha - \varepsilon = \alpha(1 - \varepsilon_\alpha) \tag{2-10}$$

则 $C_{L_t}(M) = \dfrac{\partial C_{L_t}}{\partial \alpha} \alpha_t + \dfrac{\partial C_{L_t}}{\partial \delta_e} \delta_e$。

$C_{L_0}(M) = -\alpha_w \alpha_0$ 为零迎角升力系数。

$C_{L_\alpha}(M) = \alpha_w + \alpha_b \dfrac{S_b}{S_w} + (1 - \varepsilon_\alpha) \alpha_t \dfrac{S_t}{S_w}$ 为升力系数对 α 的导数。

$C_{L_{\delta_e}}(M) = \dfrac{\partial C_{L_t}}{\partial \delta_e} \dfrac{S_t}{S_w}$ 为升力系数对 δ_e 的导数。

（2）阻力

作用在飞行器上的阻力一般可以分为零升阻力和升致阻力两部分。

零升阻力：分为摩擦阻力、压差阻力和零升波阻（激波引起）。

升致阻力：分为诱导阻力（下洗）和升致波阻。

同样地，阻力矢量大小与当地空气密度、飞行速度和机翼面积成正比，可以以下公式进行描述：

$$\boldsymbol{D} = C_D \boldsymbol{Q} S_w \tag{2-11}$$

空气动力学上我们将总的阻力系数 C_D 表征为

$$C_D = C_{D_0} + C_{D_i} \tag{2-12}$$

其中，C_{D_0} 为零升阻力系数，C_{D_i} 为升致阻力系数。

在小迎角情况下，升致阻力系数与升力系数的二次方成正比，阻力系数可写为

$$C_D = C_{D_0}(M) + A(M)C_L^2 \tag{2-13}$$

阻力曲线图如图 2-21 所示。

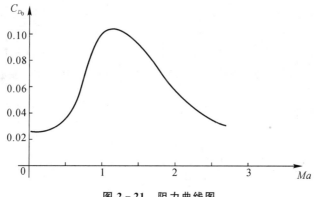

图 2-21　阻力曲线图

（3）纵向力矩

常规飞行器在纵向所受到的力矩主要包含两部分，即发动机推力由于安装的问题推力线没有过飞机质心所造成的力矩，以及空气动力力矩。

空气动力引起的俯仰力矩取决于飞行的速度、高度、迎角及升降舵偏角。此外，飞机的俯仰速率，迎角变化率及升降舵偏角速率还会产生附加俯仰力矩。

$$\boldsymbol{M} = f(\boldsymbol{V}, H, \alpha, \delta_e, q, \dot{\alpha}, \dot{\delta}_e) = C_m \frac{1}{2}\rho_\infty \boldsymbol{V}^2 S_w c_A \tag{2-14}$$

纵向俯仰力矩包括机翼产生的俯仰力矩、机身产生的俯仰力矩、平尾产生的俯仰力矩、纵向阻尼力矩、下洗时差阻尼力矩和升降舵偏转速率产生的力矩，故俯仰力矩系数可以表示为

$$C_m = C_{m_{\alpha=0}} + C_{m_\alpha}\alpha + C_{m_{\delta_e}}\delta_e + C_{m_q} \cdot \left(\frac{qc_A}{2V}\right) + C_{m_{\dot{\alpha}}}\dot{\alpha}\left(\frac{c_A}{2V}\right) + C_{m_{\dot{\delta}_e}}\dot{\delta}_e\left(\frac{c_A}{2V}\right) \tag{2-15}$$

其中：$C_{m_{\alpha=0}}$——零攻角条件下的初始俯仰力矩系数，由式（2-14）求得的值；

　　C_{m_α}——静安定力矩系数；

　　$C_{m_{\delta_e}}$——升降舵 δ_e 引起的阻尼力矩；

　　C_{m_q}——q 引起的阻尼力矩；

$C_{m_{\dot{\alpha}}}$ ——$\dot{\alpha}$ 引起的下洗时差阻尼力矩；

$C_{m_{\dot{\delta}_e}}$ ——$\dot{\delta}_e$ 引起的阻尼力矩。

极曲线图如图 2-22 所示，重心、焦点位置图如图 2-23 所示。

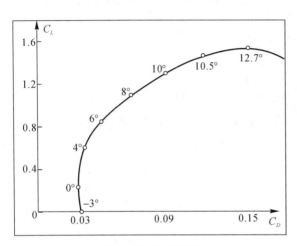

图 2-22 极曲线图

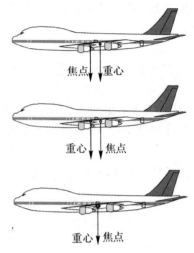

图 2-23 重心、焦点位置图

2.2.3 横侧向气动力

（1）侧力

飞机飞行过程中的侧力主要由垂尾引起，即

$$Y = C_Y Q S_w \qquad (2-16)$$

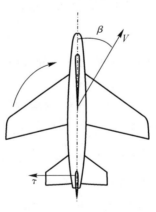

图 2-24 侧向力图

侧向力如图 2-24 所示。

当然，具体引起垂尾气动力的因素有多种，包括侧滑角、方向舵、滚转速率和偏航速率：

1）侧滑角 $\beta \neq 0$ 情况下，有

$$Y(\beta) = \frac{1}{2} \rho V^2 S_w C_{Y_\beta} \beta, \quad C_{Y_\beta} < 0 \qquad (2-17)$$

2)方向舵 $\delta_r \neq 0$ 时,有

$$Y(\delta_r) = \frac{1}{2}\rho V^2 S_w C_{Y_{\delta_r}}\delta_r, \quad C_{Y_{\delta_r}} > 0(一般数值不大) \tag{2-18}$$

3)滚转速率 $p \neq 0$ 时,此时垂尾上有附加侧向速度引起侧力,即

$$Y(p) = \frac{1}{2}\rho V^2 S_w C_{Y_p}p, \quad C_{Y_p} < 0(数值很小) \tag{2-19}$$

4)偏航速率 $r \neq 0$,有

$$Y(r) = \frac{1}{2}\rho V^2 S_w C_{Y_r}r, \quad C_{Y_r} > 0 \tag{2-20}$$

综上,侧力 Y 可以表示为

$$Y = QS_w(C_{Y_\beta}\beta + C_{Y_{\delta_r}}\delta_r + C_{Y_p}p + C_{Y_r}r) \tag{2-21}$$

其中,C_{Y_β} 为侧力系数,$C_{Y_{\delta_r}}$ 为方向舵侧力系数。

(2)滚转力矩和偏航力矩

同样的道理,也可以得到横侧向上的滚转力矩和偏航力矩如下:

$$L = QS_w b(C_{l_\beta}\beta + C_{l_{\delta_a}}\delta_a + C_{l_{\delta_r}}\delta_r + C_{l_p}p + C_{l_r}r) \tag{2-22}$$

$$N = QS_w b(C_{n_\beta}\beta + C_{n_{\delta_a}}\delta_a + C_{n_{\delta_r}}\delta_r + C_{n_p}p + C_{n_r}r) \tag{2-23}$$

其中:C_{l_β}——横滚静稳定性导数;

$C_{l_{\delta_a}}$——滚转操纵导数;

$C_{l_{\delta_r}}$——滚转操纵交叉导数;

C_{l_p}——滚转阻尼导数;

C_{l_r}——滚转交叉动导数;

C_{n_β}——航向静稳定性导数;

$C_{n_{\delta_r}}$——航向操纵导数;

$C_{n_{\delta_a}}$——副翼操纵交叉导数;

C_{n_p}——航向交叉动导数;

C_{n_r}——航向阻尼导数;

横向受力分析如图 2-25 所示,横向稳定性问题如图 2-26 所示,航向受力分析如图 2-27 所示。

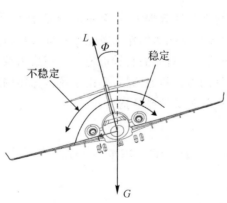

图 2-25　横向受力分析

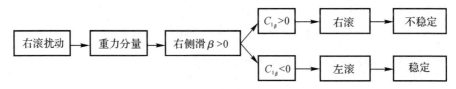

图 2‑26　横向稳定性问题

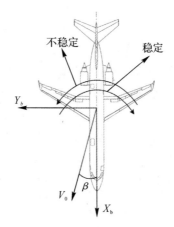

图 2‑27　航向受力分析

同样地,对于航向的稳定性问题,如图 2‑28 所示。

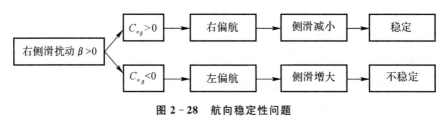

图 2‑28　航向稳定性问题

2.2.4　铰链力矩

位于驾驶舱的飞行员偏转操纵杆或脚蹬时,会带动分布于飞行器各位置的气动舵面完成相应的指令偏转,由于常规的飞行器舵面均作为翼型的一部分,其在气流中存在相应的气动压力,作用在舵面上的压力分布的合力对舵面转轴形成的力矩成为铰链力矩的主要成分。同样,铰链力矩的产生原因和上述气动力是相似的,正是由于铰链力矩的原因,需要采用相应的液压或电动作动筒驱动舵面以实现驾驶员的操纵指令。

例如升降舵铰链力矩

$$H_e = C_{h_e} Q S_e \bar{C}_e = -R_e h_e \qquad (2-24)$$

式中:S_e——升降舵面积;

$\bar{C}_e$——升降舵几何平均弦长;

C_{h_e}——铰链力矩系数;

铰链力矩图如图 2－29 所示,升降舵操纵如图 2－30 所示。

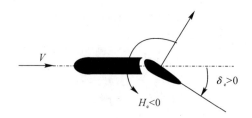

图 2－29　铰链力矩图

图 2－30　升降舵操纵

2.3　刚体飞行器运动方程

在本章 2.1 和 2.2 节中介绍的飞机动力学基本概念和作用在飞机上的力和力矩,需要利用基本力学原理建立其运动方程。

2.3.1　建立飞机运动方程的基本假定

由于飞行器作为空间中有一定尺寸和重量的运动体,且每时每刻都存在由地心引力所引起的重力,要建立这样一个参数时变、运动过程复杂的被控对象详细运动方程是非常困难的,为了有效了解飞行器运动规律,并为后续模型分析奠定基础,需要采用工程简化方法对飞行器建模环境进行相关基本假定。主要包括如下方面:

1)认为飞机不仅是刚体,而且质量不变;
2)假定地球固定于空间,即略去地球自转、公转的影响;
3)假定飞机有一个对称面 XOZ;
4)重力加速度 g 不随飞行高度 H 变化;
5)忽略地面曲率,视地面为平面。

通过上述假定,忽略一些会复杂化建模过程和方程但对于运动模型分析没有帮助的因素,从而更加方便地建立和分析方程。

2.3.2　自由度与牵连运动

(1)飞机运动的自由度

飞行器作为空间运动的刚体,其包含作为一个质心点的空间三维线运动和作为一个有尺寸的物体绕质心点的空间三维角度运动。即飞机在空间的运动有六个自由度:质心的三个移动自由度和绕质心的三个转动自由度,如图 2-31 所示。

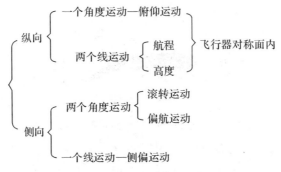

图 2-31　飞机在空间的六自由度

（2）坐标系选择及牵连运动

由于飞行器运动过程包括飞机绕三轴的转动（状态变化）及飞机三个轴的移动,所以在建立六自由度方程时,应选择机体坐标系（即体轴系）。

选体轴系有下列好处:首先,根据上述假定 3）,对称面下的转动惯量 $I_{xy}=I_{zy}=0$,且机体坐标系下飞机质量不变,因此转动惯量为常值;其次机体轴飞机的姿态角和角速度就是飞机的姿态角和角速度。

矢量导数法则:坐标系 a 中的向量 $\boldsymbol{r}$,在坐标系 b 中对时间的导数为

$$\frac{\mathrm{d}^b r}{\mathrm{d}t} = \frac{\mathrm{d}^a r}{\mathrm{d}t} + w^{ab} \times \boldsymbol{r} \qquad (2-25)$$

其中,$\boldsymbol{w}^{ab}$ 为两个坐标系间的旋转角度。

故对于飞机所受牵连运动,可以得到:

$$\frac{\mathrm{d}\bar{\boldsymbol{V}}}{\mathrm{d}t} = \mathbf{1}_V \frac{\mathrm{d}\widetilde{\boldsymbol{V}}}{\mathrm{d}t} + \bar{\boldsymbol{\Omega}} \times \bar{\boldsymbol{V}} \qquad (2-26)$$

$$\frac{\mathrm{d}\bar{\boldsymbol{H}}}{\mathrm{d}t} = \mathbf{1}_H \frac{\mathrm{d}\widetilde{\boldsymbol{H}}}{\mathrm{d}t} + \bar{\boldsymbol{\Omega}} \times \bar{\boldsymbol{H}} \qquad (2-27)$$

式中:等式右边 $\dfrac{\mathrm{d}\widetilde{\boldsymbol{V}}}{\mathrm{d}t}$ 和 $\dfrac{\mathrm{d}\widetilde{\boldsymbol{H}}}{\mathrm{d}t}$ 表示对动坐标系的相对导数;等式左边 $\dfrac{\mathrm{d}\bar{\boldsymbol{V}}}{\mathrm{d}t}$ 和 $\dfrac{\mathrm{d}\bar{\boldsymbol{H}}}{\mathrm{d}t}$ 表示对惯性坐标系的绝对导数;$\mathbf{1}_V$ 表示沿 $\bar{\boldsymbol{V}}$ 的单位向量;$\bar{\boldsymbol{\Omega}}$ 表示动坐标系对惯性系的总角速度向量;$\mathbf{1}_H$ 表示沿动量矩 $\bar{\boldsymbol{H}}$ 的单位向量;$\times$ 表示向量叉乘;$\bar{\boldsymbol{\Omega}} \times \bar{\boldsymbol{V}}$ 表示牵连加速度。

（3）飞机运动方程

飞行器运动方程一般应包括动力学方程及运动学方程。

1）动力学方程——以动力学为基础,描述力与力矩平衡关系的方程,亦即为考虑在体轴系下运动参数与力、力矩的方程。（由于体轴系为动坐标系,所以建方程时既要考虑相对运动,又要考虑绝对运动。）

2）运动学方程——通过体轴系与地轴系的关系,找出体轴系下角速度、位移量与地面轴系下角速度、位移量的关系。

2.3.3　动力学方程

动力学方程式是描述飞机所受力、力矩与飞机运动参数间关系的方程,在惯性参考系中应用牛顿第二定律可以建立飞行器在外合力 $\boldsymbol{F}$ 作用下的线运动方程和外合力矩 $\boldsymbol{M}$ 作用下的角运动方程。

力平衡方程式(理论依据——牛顿第二定律):

$$\sum \boldsymbol{F} = m \cdot \boldsymbol{a} = m\frac{\mathrm{d}\boldsymbol{V}}{\mathrm{d}t} \tag{2-28}$$

力矩的平衡方程式(论依据——动量矩定理):

$$\sum \boldsymbol{M} = \frac{\mathrm{d}\boldsymbol{H}}{\mathrm{d}t} \tag{2-29}$$

运用矢量导数法则,对于机体这样一个随时间不断在变化质心位置和角度的动坐标系,有

$$\frac{\mathrm{d}\boldsymbol{V}}{\mathrm{d}t} = \mathbf{1}_v \cdot \frac{\mathrm{d}\tilde{\boldsymbol{V}}}{\mathrm{d}t} + \boldsymbol{\Omega} \times \boldsymbol{V}$$

式中:$\mathbf{1}_v\dfrac{\mathrm{d}\tilde{\boldsymbol{V}}}{\mathrm{d}t}$ 为速度向量 $\boldsymbol{V}$ 相对于动坐标系的变化率,$\mathbf{1}_v\dfrac{\mathrm{d}\tilde{\boldsymbol{V}}}{\mathrm{d}t} = i\dot{u} + j\dot{v} + k\dot{w}$;$\bar{\boldsymbol{\Omega}} \times \bar{\boldsymbol{V}}$ 为由动坐标系转动而引起的向量变化率,是牵连加速度,有

$$\bar{\boldsymbol{\Omega}} \times \bar{\boldsymbol{V}} = \begin{vmatrix} \boldsymbol{i} & \boldsymbol{j} & \boldsymbol{k} \\ p & q & r \\ u & v & w \end{vmatrix} = \boldsymbol{i}(wq - vr) + \boldsymbol{j}(ur - wp) + \boldsymbol{k}(vp - uq) \tag{2-30}$$

由式(2-28),将飞行器受力在机体各轴向上进行分解,有 $\sum \boldsymbol{F} = iX + jY + kZ$,即

$$\boldsymbol{F} = m \cdot \frac{\mathrm{d}\bar{\boldsymbol{V}}}{\mathrm{d}t} \rightarrow \begin{cases} F_x \triangleq X = (\dot{u} + wq - vr)m \\[2mm] F_y \triangleq Y = (\dot{v} + ur - wp)m \\[2mm] F_z \triangleq Z = (\dot{w} + vp - uq)m \end{cases} \tag{2-31}$$

展开式(2-31)可以得到

$$\left. \begin{aligned} \dot{u} &= vr - wq - g\sin\theta + \frac{F_x}{m} \\[2mm] \dot{v} &= -ur + wp + g\cos\theta\sin\varphi + \frac{F_y}{m} \\[2mm] \dot{w} &= uq - vp + g\cos\theta\cos\varphi + \frac{F_z}{m} \end{aligned} \right\} \tag{2-32}$$

对于力矩平衡而言,由物体运动质点系的动量矩定理,选择机体质心为机体坐标系的原点,如图 2-32 所示,则单位质量块动量矩为

$$\mathrm{d}\bar{\boldsymbol{H}} = \bar{\boldsymbol{r}} \times (\bar{\boldsymbol{\Omega}} \times \bar{\boldsymbol{r}})\mathrm{d}m \tag{2-33}$$

其中,向径为 $\boldsymbol{r} = ix + iy + kz$;角速度 $\bar{\boldsymbol{\Omega}} = ip + jq + kr$。

则有

$$\boldsymbol{H} = \int \mathrm{d}\boldsymbol{H} = \int \boldsymbol{r} \times (\boldsymbol{\Omega} \times \boldsymbol{r}) \mathrm{d}m = \boldsymbol{i}H_x + \boldsymbol{j}H_y + \boldsymbol{k}H_z \qquad (2-34)$$

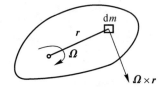

图 2 - 32 质量块绕质心的动量矩

将向径和角速度代入式(2-34),有

$$\boldsymbol{H} = \boldsymbol{i} \int \left[(y^2 + z^2)p - xyq - xzr \right] \mathrm{d}m + \boldsymbol{j} \int \left[(z^2 + x^2)q - yzr - xyp \right] \mathrm{d}m +$$

$$\boldsymbol{k} \int \left[(x^2 + y^2)r - xzp - yzq \right] \mathrm{d}m =$$

$$\boldsymbol{i}(I_x p - I_{xy}q - I_{xz}r) + \boldsymbol{j}(I_y q - I_{yz}r - I_{xy}p) + \boldsymbol{k}(I_z r - I_{xz}p - I_{yz}q)$$

考虑到飞机有对称面(oy 轴),而有:

$$I_{xy} = I_{zy} = 0$$

由此可得(相对动坐标系的动量矩):

$$\left.\begin{array}{l} H_x = pI_x - rI_{xz} \\ H_y = qI_y \\ H_z = rI_z - pI_{xz} \end{array}\right\} \qquad (2-35)$$

同样运动矢量导数法则,用机体系表示绝对参数变化时,有

$$\frac{\mathrm{d}\boldsymbol{H}}{\mathrm{d}t} = I_H \frac{\mathrm{d}\tilde{\boldsymbol{H}}}{\mathrm{d}t} + \bar{\boldsymbol{\Omega}} \times \bar{\boldsymbol{H}} \qquad (2-36)$$

其中:$I_H \dfrac{\mathrm{d}\tilde{\boldsymbol{H}}}{\mathrm{d}t} = \boldsymbol{i} \dfrac{\mathrm{d}\tilde{H}_x}{\mathrm{d}t} + \boldsymbol{j} \dfrac{\mathrm{d}\tilde{H}_y}{\mathrm{d}t} + \boldsymbol{k} \dfrac{\mathrm{d}\tilde{H}_z}{\mathrm{d}t}$;$\bar{\boldsymbol{\Omega}} \times \bar{\boldsymbol{H}}$ 表示随动坐标系的牵连运动。

对于式(2-36)等号右边,假定飞机为质量不变的刚体,惯性矩和惯性积均为时不变的常量,则

$$\begin{cases} \dfrac{\mathrm{d}\tilde{H}_x}{\mathrm{d}t} = \dot{p}I_x - \dot{r}I_{xz} \\[2mm] \dfrac{\mathrm{d}\tilde{H}_y}{\mathrm{d}t} = \dot{q}I_y \\[2mm] \dfrac{\mathrm{d}\tilde{H}_z}{\mathrm{d}t} = \dot{r}I_z - \dot{p}I_{xz} \end{cases}$$

$$\bar{\boldsymbol{\Omega}} \times \bar{\boldsymbol{H}} = \begin{vmatrix} \boldsymbol{i} & \boldsymbol{j} & \boldsymbol{k} \\ p & q & r \\ H_x & H_y & H_z \end{vmatrix} = \boldsymbol{i}(qH_z - rH_y) + \boldsymbol{j}(rH_x - pH_z) + \boldsymbol{k}(pH_y - qH_x)$$

将其代入式(2-36),对于机体各坐标上的力矩方程 $\sum \boldsymbol{M} = \boldsymbol{i}L + \boldsymbol{j}M + \boldsymbol{k}N$ 可展开为

$$L = \dot{p}I_x - \dot{r}I_{xz} + qr(I_z - I_r) - pqI_{xz} \left.\begin{array}{l}\\\\\\\end{array}\right\}$$

$$M = \dot{q}I_y + pr(I_x - I_z) + (p^2 - r^2)I_{xz}$$

$$N = \dot{r}I_z - \dot{p}I_{xz} + pq(I_r - I_x) + prI_{xz}$$

$$(2-37)$$

$$\dot{p} = (c_1 r + c_2 p)q + c_3 L + c_4 N \left.\begin{array}{l}\\\\\\\end{array}\right\}$$

$$\dot{q} = c_5 pr - c_6(p^2 - r^2) + c_7 M$$

$$\dot{r} = (c_8 p - c_2 r)q + c_4 L + c_9 N$$

$$(2-38)$$

式中各系数可见参考文献[1]。

2.3.4　运动学方程

通过体轴系与地轴系的关系,找出体轴系下角速度、位移量与地面轴系下角速度、位移量的关系。运动学方程包括以下两种方程。

1) 角位置运动学方程,给出机体坐标系下角速量 p、q、r 与 $\dot{\theta}$、$\dot{\Phi}$、$\dot{\psi}$ 的关系。

2) 线位置运动学方程,给出地轴系与体轴系间线速度关系。

由图 2-33 可知,$\dot{\psi}$ 为沿 OZ_g 轴的向量,向下为正。

$\dot{\theta}$ 为在水平面内与 OX 轴在水平面上的投影相垂直,向右为正。

$\dot{\Phi}$ 为沿 OX 轴向量,向前为正。

p、q、r 为飞机绕机体三轴的角速度。

当 $\Phi \neq 0$,$\theta \neq 0$ 时,没有一个角速度分量是水平或垂直的。

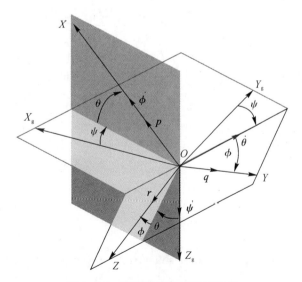

图 2-33　姿态角变化率的方位图

把 $\dot{\psi}$,$\dot{\theta}$,$\dot{\varphi}$ 向机体三轴投影的话,p 包含 $\dot{\varphi}$ 的全部,p,q,r 只包含 $\dot{\psi}$,$\dot{\theta}$ 的投影分量。为简单起见,先令 $\dot{\varphi}=0$,求 $\dot{\psi}$,$\dot{\theta}$ 与 p,q,r 的关系,再将 $\dot{\varphi}$ 加上,即

$$
\begin{bmatrix} p \\ q \\ r \end{bmatrix} = \begin{bmatrix} 1 & 0 & 0 \\ 0 & \cos\varphi & \sin\varphi \\ 0 & -\sin\varphi & \cos\varphi \end{bmatrix} \begin{bmatrix} \cos\theta & 0 & -\sin\theta \\ 0 & 1 & 0 \\ \sin\theta & 0 & \cos\theta \end{bmatrix} \begin{bmatrix} 0 \\ \dot{\theta} \\ \dot{\psi} \end{bmatrix} + \begin{bmatrix} \dot{\varphi} \\ 0 \\ 0 \end{bmatrix} \qquad (2-39)
$$

将上式变换可以得到

$$
\left. \begin{aligned} \dot{\theta} &= q\cos\varphi - r\sin\varphi \\ \dot{\varphi} &= p + (r\cos\varphi + q\sin\varphi)\tan\theta \\ \dot{\psi} &= (r\cos\varphi + q\sin\varphi)/\cos\theta \end{aligned} \right\} \qquad (2-40)
$$

上述方程主要描述角度关系,故又称之为角度方程。由于 $\dot{\psi}$, $\dot{\theta}$, $\dot{\varphi}$ 作为 p, q, r 和 ψ, θ, φ 的函数,p, q, r 作为机体固定轴系的旋转角速度必然正交,但 $\dot{\psi}$, $\dot{\theta}$, $\dot{\varphi}$ 本身不一定正交。

对于飞行器质点的线运动方程,其表征的是地轴系与体轴系间线速度关系,将地轴系按 $\psi \to \theta \to \varphi$ 转动即可得到其与体轴系间的关系。由于其表征飞行器角度、速度与相对地面的位置关系,主要用于飞行器导航,又称之为导航方程。

1)绕 z 轴转 ψ 得到

$$
\begin{bmatrix} x_1 \\ y_1 \\ z_g \end{bmatrix} = \begin{bmatrix} \cos\psi & \sin\psi & 0 \\ -\sin\psi & \cos\psi & 0 \\ 0 & 0 & 1 \end{bmatrix} \begin{bmatrix} x_g \\ y_g \\ z_g \end{bmatrix} \triangleq C_\psi \begin{bmatrix} x_g \\ y_g \\ z_g \end{bmatrix}
$$

2)再绕轴 y 转 θ 得到

$$
\begin{bmatrix} x \\ y_1 \\ z_2 \end{bmatrix} = \begin{bmatrix} \cos\theta & 0 & -\sin\theta \\ 0 & 1 & 0 \\ \sin\theta & 0 & \cos\theta \end{bmatrix} \begin{bmatrix} x_1 \\ y_1 \\ z_g \end{bmatrix} \triangleq C_\theta \begin{bmatrix} x_1 \\ y_1 \\ z_g \end{bmatrix}
$$

3)最后绕 z 轴转 φ 得到

$$
\begin{bmatrix} x \\ y \\ z \end{bmatrix} = \begin{bmatrix} 1 & 0 & 0 \\ 0 & \cos\varphi & \sin\varphi \\ 0 & -\sin\varphi & \cos\varphi \end{bmatrix} \begin{bmatrix} x \\ y_1 \\ z_2 \end{bmatrix} \triangleq C_\varphi \begin{bmatrix} x \\ y_1 \\ z_2 \end{bmatrix}
$$

故地轴系与体轴系间线速度关系为飞机质心速度分量由机体坐标系转换到地面坐标系的过程,即

$$
\begin{bmatrix} \dfrac{\mathrm{d}x_g}{\mathrm{d}t} \\ \dfrac{\mathrm{d}y_g}{\mathrm{d}t} \\ \dfrac{\mathrm{d}z_g}{\mathrm{d}t} \end{bmatrix} = \begin{bmatrix} v_{x_g} \\ v_{y_g} \\ v_{z_g} \end{bmatrix} = C_\varphi C_\theta C_\psi \begin{bmatrix} v_x \\ v_y \\ v_z \end{bmatrix} = C_\varphi C_\theta C_\psi \begin{bmatrix} u \\ v \\ w \end{bmatrix} \qquad (2-41)
$$

将其展开可以得到

$$
\left. \begin{aligned} \frac{\mathrm{d}L}{\mathrm{d}t} &= u\cos\psi\cos\theta + v(\sin\psi\sin\varphi - \cos\psi\sin\theta\cos\varphi) + w(\cos\psi\sin\theta\sin\varphi + \sin\psi\cos\varphi) \\ \frac{\mathrm{d}H}{\mathrm{d}t} &= u\sin\theta + v\cos\theta\cos\varphi - w\cos\theta\sin\varphi \\ \frac{\mathrm{d}Z}{\mathrm{d}t} &= -u\sin\psi\cos\theta + v(\sin\psi\sin\theta\cos\varphi + \cos\psi\sin\varphi) + w(\cos\psi\cos\varphi - \sin\psi\sin\theta\sin\varphi) \end{aligned} \right\}
$$

$$
(2-42)
$$

同样按照此方法,也可以写出气流坐标系到地面坐标系间的转换关系:

$$
\left.
\begin{aligned}
\dot{x}_g &= V\cos\mu\cos\varphi \\
\dot{y}_g &= V\cos\mu\sin\varphi \\
\dot{h} &= V\sin\mu
\end{aligned}
\right\}
\tag{2-43}
$$

对于采用机体系描述的飞行器运动方程,其状态变量包括

$$
\begin{bmatrix} u & v & w & \varphi & \theta & \psi & p & q & r & x_g & y_g & h \end{bmatrix}
$$

控制输入包括

$$
\begin{bmatrix} \delta_T & \delta_e & \delta_a & \delta_r \end{bmatrix}
$$

具体方程如式(2-32)、(2-38)、(2-40)、(2-42)四组方程构成,分别为力的方程、力矩方程、角度方程和导航方程。

2.4　飞机纵向运动

2.3节介绍的刚体飞机运动方程描述了一般飞行器在空间六个自由度运动的数学表达方法,从飞行器运动自由度分析可知,通常将这三个线运动和三个角度运动分为纵向运动和侧向运动两个大类。这里给出飞机纵向上两个线运动和一个角度运动方程的建立过程。

2.4.1　基本假定与坐标系

首先,假定如下:

1)飞机是刚体,略去弹性影响,同时也略去大气不稳定性的影响。

2)假定飞机运动是在小范围内,尤其侧向参数假定很小。

3)忽略发动机引起的陀螺力矩的影响。

由于纵向方程的建立主要需要分析其所受力和力矩问题,故选速度坐标系为基准坐标系。速度坐标系与机体坐标系如图2-34所示。

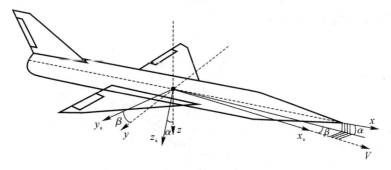

图 2-34　速度坐标系与机体坐标系

2.4.2 纵向运动受力与方程

在速度坐标系下,建立飞行器纵向受力图如图 2-35 所示。

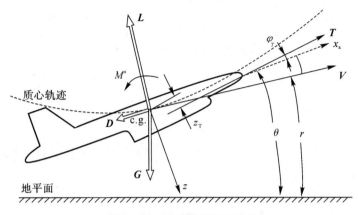

图 2-35 飞行器纵向受力图

发动机推力 T,其轴线与纵轴安装角为 φ_T(发动机轴线不一定过重心,轴线若在重心之下时为正,则推力 T 对重心的力矩为正)。升力 L 垂直于 V 向量,且向上为正。阻力 D 平行于 V 向量,且向后为正。俯仰力矩 M 以抬头力矩为正。

对于飞行器纵向受力关系,在切向上根据牛顿定理,有

$$\sum \boldsymbol{F}_{x_a} = m\boldsymbol{a} = m\frac{\mathrm{d}\boldsymbol{V}}{\mathrm{d}t}$$

故

$$m\frac{\mathrm{d}\boldsymbol{V}}{\mathrm{d}t} = \boldsymbol{T}\cos(\alpha+\varphi_T) - \boldsymbol{D} - \boldsymbol{G}\sin\gamma \tag{2-44}$$

等式右边为飞行器切向上所受到的合力表达式。

对于法向上受力等式,同样由上述牛顿定理,只是这里加速度为法向加速度,即向心力,即

$$a_n = \frac{V^2}{R} = V\frac{V}{R} = V\frac{1}{R}\frac{\mathrm{d}s}{\mathrm{d}t} = V\frac{R}{R}\frac{\mathrm{d}\gamma}{\mathrm{d}t} = V\frac{\mathrm{d}\gamma}{\mathrm{d}t}\gamma$$

法向矢量关系如图 2-36 所示。

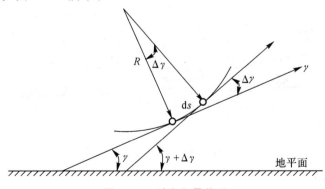

图 2-36 法向矢量关系

在法向上,根据牛顿定理可得

$$mV \frac{\mathrm{d}\gamma}{\mathrm{d}t} = T\sin(\alpha + \varphi_T) + L - G\cos\gamma \qquad (2-45)$$

式(2-45)右边是飞行器在法向所受合力,起到改变飞行器纵向运动方向的作用。

同样由动量矩定理,有

$$\sum \boldsymbol{M} = \frac{\mathrm{d}\bar{\boldsymbol{H}}}{\mathrm{d}t}$$

而 $H_y = qI_y$,则

$$\boldsymbol{I}_y \frac{\mathrm{d}q}{\mathrm{d}t} = \boldsymbol{M}^a + \boldsymbol{T}z_T \qquad (2-46)$$

式(2-46)右边是飞行器纵向所受气动力矩和发动机安装误差造成的偏转力矩之和。

附加上角度转换关系即可得到飞行器纵向运动方程组如下。

1)切向力与法向力方程,即

$$m \frac{\mathrm{d}V}{\mathrm{d}t} = T\cos(\alpha + \varphi_T) - D - G\sin\gamma$$

$$mV \frac{\mathrm{d}(\theta - \alpha)}{\mathrm{d}t} = T\sin(\alpha + \varphi_T) + L - G\cos\gamma$$

2)纵向力矩方程,即

$$\boldsymbol{I}_y \frac{\mathrm{d}q}{\mathrm{d}t} = \boldsymbol{M}^a + \boldsymbol{T}z_T$$

3)运动学方程,即

$$\frac{\mathrm{d}\theta}{\mathrm{d}t} = q$$

$$\frac{\mathrm{d}\boldsymbol{H}}{\mathrm{d}t} = \boldsymbol{V}\sin(\theta - \alpha)$$

$$\frac{\mathrm{d}\boldsymbol{L}}{\mathrm{d}t} = \boldsymbol{V}\cos(\theta - \alpha)$$

2.4.3 基于小扰动原理的线性化

仔细分析上述飞行器纵向运动方程组可知,其为一组非线性运动方程,为了更好地利用所学自动控制理论知识对其进行分析,需要对方程组进行线性化处理。对于由上述 1)~3)方程组所描述的非线性运动方程,可以将其归纳为如下非线性状态方程:

$$f(\dot{\boldsymbol{X}}, \boldsymbol{X}, \boldsymbol{U}) = 0 \qquad (2-47)$$

式中,$\boldsymbol{X}$ 为 n 维的系统状态向量,$\boldsymbol{U}$ 为 m 维的控制输入向量,$f(\cdot)$ 为由 n 个标量的非线性函数 $f_i(\cdot)$ 组成的 n 维向量函数。

在稳定性介绍中,提到了基准运动和扰动运动的概念,其基准运动条件下的系统状态和控制输入即称为平衡点(X_e, U_e)。在平衡点附近,若飞行器的扰动运动与基准运动的差别较小,可以将其称为小扰动运动。

小扰动作为工程误差上的概念,其限制并不严格,通常需要根据所研究问题的具体情况而定。在系统平衡点处,利用泰勒级数展开可以将上述统一表述方程展开并保留其一次项:

$$\left.\begin{array}{l}(\nabla_{\dot{X}}f_1)\delta\dot{X}+(\nabla_{X}f_1)\delta X+(\nabla_{U}f_1)\delta U=0\\ \cdots\cdots\\ (\nabla_{\dot{X}}f_n)\delta\dot{X}+(\nabla_{X}f_n)\delta X+(\nabla_{U}f_n)\delta U=0\end{array}\right\} \qquad (2-48)$$

对于式(2-48),改写为

$$E\dot{X}=AX+BU$$

根据式(2-48),可得

$$E=-\begin{bmatrix}\nabla_{\dot{X}}f_1\\ \vdots\\ \nabla_{\dot{X}}f_n\end{bmatrix}_{\substack{X=X_e\\U=U_e}}, A=-\begin{bmatrix}\nabla_{X}f_1\\ \vdots\\ \nabla_{X}f_n\end{bmatrix}_{\substack{X=X_e\\U=U_e}}, B=-\begin{bmatrix}\nabla_{U}f_1\\ \vdots\\ \nabla_{U}f_n\end{bmatrix}_{\substack{X=X_e\\U=U_e}}。$$

进一步化简可以得到

$$\dot{X}=\bar{A}X+\bar{B}U$$

这样就通过泰勒展开的方法将非线性方程在平衡点附近线性化处理了。其过程可以用一个二维平面问题类比,如图 2-36 所示。

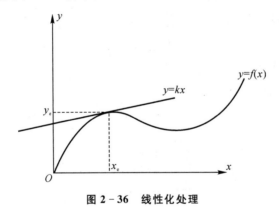

图 2-36 线性化处理

2.4.4 运动方程线性化处理

仔细分析上述飞行器纵向运动方程组可知,其为一组非线性运动方程,为了更好的利用所学自动控制理论知识对其进行分析,需要对方程组进行线性化处理。这里举切向力方程为例,给出线性化处理方法。

首先对稳定状态进行全微分;用 Δ 代替 d,并归纳含同一增量的项;略去高度变化影响,引入简单符号 $\Delta\bar{V}=\dfrac{\Delta V}{V_0}$($V_0$ 为稳定状态的飞行速度),且等式两边同除以 mV_0,并引入大导数。则有

$$(P+X_V)\Delta\bar{V}+X_a\Delta\alpha+X_\theta\Delta\theta=-X_{\delta_T}\Delta\delta_T$$

其中,P 为求导算子。

采用同样的方法,在稳定状态 V_0,α_0,δ_{e0},δ_{T0} 下可以得到飞行器纵向线性化方程为

$$\left.\begin{aligned}
(P+X_V)\Delta V+X_a\Delta\alpha+X_\theta\Delta\theta&=-X_{\delta_T}\Delta\delta_T\\
Z_V\Delta V+(P+Z_a)\Delta\alpha-P\Delta\theta&=-Z_{\delta_e}\Delta\delta_e\\
M_V\Delta V+(M_{\dot\alpha}P+M_a)\Delta\alpha+(P^2+M_qP)\Delta\theta&=-M_{\delta_e}\Delta\delta_e-M_{\delta_T}\Delta\delta_T
\end{aligned}\right\} \qquad (2-49)$$

其中各大导数分别表示相应运动参数的变化引起力或力矩变化的相应的量。

2.4.5　状态空间表达

对于式(2-49)表示的纵向线性化方程,用拉普拉斯算子代替求导算子,对等式进行左右变换可以得到

$$\left.\begin{aligned}
s\Delta V&=-X_V\Delta V-X_a\Delta\alpha-X_\theta\Delta\theta-X_{\delta_T}\Delta\delta_T\\
s\Delta\alpha&=-Z_V\Delta V-Z_a\Delta\alpha+\Delta\dot\theta-Z_{\delta_e}\Delta\delta_e\\
s\Delta\dot\vartheta&=-M_V\Delta V-(M_{\dot\alpha}s+M_a)\Delta\alpha-M_q\Delta\dot\vartheta-M_{\delta_e}\Delta\delta_e-M_{\delta_T}\Delta\delta_T\\
s\vartheta&=\dot\vartheta
\end{aligned}\right\} \qquad (2-50)$$

将其写成时域矩阵形式为

$$\begin{bmatrix}\Delta\dot v\\\Delta\dot\alpha\\\Delta\dot q\\\Delta\dot\theta\end{bmatrix}=\begin{bmatrix}-X_v & -X_a & 0 & -X_\theta\\-Z_v & -Z_a & 1 & 0\\-(M_v-M_{\dot\alpha}Z_v) & -(M_a-M_{\dot\alpha}Z_a) & -(M_q+M_{\dot\alpha}) & 0\\0 & 0 & 1 & 0\end{bmatrix}\begin{bmatrix}\Delta\bar v\\\Delta\alpha\\\Delta q\\\Delta\theta\end{bmatrix}+$$

$$\begin{bmatrix}0 & -X_{\delta_T}\\-Z_{\delta_e} & 0\\-(M_{\delta_e}-M_{\dot\alpha}Z_{\delta_e}) & -M_{\delta_T}\\0 & 0\end{bmatrix}\begin{bmatrix}\Delta\delta_e\\\Delta\delta_T\end{bmatrix} \qquad (2-51)$$

可以看出,式(2-51)为一多输入多输出(MIMO)的一阶常微分表达形式。在已知初始系统状态和随时间变化输入值条件下,可以求得各状态参数随时间变化的曲线。

2.4.6　纵向运动分析

对于上述时域和频域的纵向运动表达式,分析飞行器纵向运动特点的方法是借助于拉氏变换与行列式计算技术求各被调量 V,α,θ,q 对各控制量 δ_T,δ_e 的传递函数及 $V(t),\alpha(t)$,$\theta(t),q(t)$ 的一般表达式;由各自的传递函数和时域表达式,分析纵向运动特征方程根的特点及过程特点,并指示纵向运动的物理成因。分析空速、高度变化、气动导数变换对纵向运动参数的影响,以及驾驶员操作油门杆时的纵向动力学响应和操纵特点。

对于式(2-49),其特征方程为

$$\Delta s=\begin{vmatrix}s+X_V & X_a & X_\theta\\Z_V & s+Z_a & -s\\M_V & M_{\dot\alpha}s+M_a & s^2+M_qs\end{vmatrix}$$

取行列式得到

$$(T_P s^2 + 2\xi_P T_P s + 1)(T_s s^2 + 2\xi_s T_s s + 1) = 0$$

通过上述特征方程的分析,可以得到飞行器纵向运动的固有特点。特征方程一般是由两对复根组成,纵向运动通常包括两个运动模态:短周期模态与长周期模态。

短周期:由$(T_s s^2 + 2\xi_s T_s s + 1)$决定的复根,记为$s_{1,2} = -\alpha_1 \pm j\beta_1$(大复根)。对应周期短、频率高的运动。其对应的瞬态分量为:$C_1 e^{-\alpha_1 t} \cos(\beta_1 t + \varphi_1)$。

长周期:由$(T_P s^2 + 2\xi_P T_P s + 1)$决定的复根,记为$s_{3,4} = -\alpha_2 \pm j\beta_2$(小复根)。对应周期长、频率低的运动(也叫浮沉运动或起伏运动,浮沉运动如图2-38所示)。其对应的瞬态分量为$C_2 e^{-\alpha_2 t} \cos(\beta_2 t + \varphi_2)$。

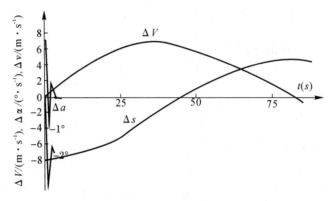

图 2-38　状态变化曲线

由于上述分析的运动特点是纵向运动方程组的特性,即各纵向运动参数中均包含相应模态,例如:

1)在$\alpha(t)$运动过程中以短周期运动为主;

2)在$V(t)$运动过程中则是以长周期运动为主;

3)在$\theta(t)$中,长、短周期均占很多,两种运动差不多。

这一分析结论也可由数值解析方法得到,以某客机纵向运动为例,其表达式为

$$\begin{cases} (P+0.016605)\Delta V(t) + 0.0057\Delta\alpha(t) + 0.0369\Delta\theta(t) = 0 \\ 0.105\Delta V(t) + (P+0.585)\Delta\alpha(t) + P\Delta\theta(t) = 0 \\ 0.898\Delta V(t) + (0.248P+8.574)\Delta\alpha(t) + (P^2+0.627P)\Delta\theta(t) = 0 \end{cases}$$

研究初始条件为$t=0$时,$\Delta\alpha(0) = \Delta\alpha_0$,$\Delta V(0) = \Delta\theta(0) = \Delta\dot{\theta}(0) = 0$的扰动运动的解。用拉氏变换方法可以解得

$$\Delta V(t) = 0.128899 e^{-0.73224t} \cos(166.147t+63.43) + 8.31912 e^{-0.0060663t} \cos(2.2264t-90.397)$$

$$\Delta\alpha(t) = 2.00095 e^{-0.73224t} \cos(166.147t-2.97) + 0.19327 e^{-0.0060663t} \cos(2.2264t+89.48)$$

$$\Delta\theta(t) = 1.94853 e^{-0.73224t} \cos(1.66.147t-13.65) + 2.1701 e^{-0.0060663t} \cos(2.2264t-150.75)$$

表达式中第一项为短周期模态,第二项为长周期模态,再由三式中各模态前的系数的大小可知:$\Delta V(t)$中长周期模态占主要地位;$\Delta\alpha(t)$中短周期模态占主要地位;$\Delta\theta(t)$中长短周期模态均等。

飞机纵向运动有两种形态特征:短周期形态和长周期形态。一般飞机的四个特征根中有

两个大根、两个小根。大根对应短周期形态,小根对应长周期形态。

纵向运动可大致分为两个阶段:

1)初始阶段是以迎角和俯仰角速度的变化为代表的短周期运动,飞行速度基本不变。

2)以后阶段是以飞行速度和俯仰角的变化为代表的长周期运动,飞机迎角基本不变。

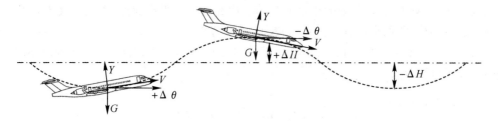

图 2-39　沉浮运动曲线

对于 2.4.2 小节所分析的纵向受力情况,有

$$\dot{V}=\frac{\sum F_{xa}}{m},\ \dot{\mu}=\frac{\sum F_{za}}{m},\ \dot{\theta}=\dot{q}=\frac{\sum M^a}{I_y}$$

式中 $\dot{V}$ 与 $\sum F_{xa}$ 有关,所以长周期是反映切向力的平衡过程; $\dot{q}$ 与 $\sum M^a$ 有关,所以短周期是反映力矩平衡过程,而飞行器大量运动都是由角度运动引起的,其响应速度快,故为短周期运动。

飞机本身质量大,机身的长细比大,而飞行速度又快,所以飞行速度的大小和方向改变难,而绕飞机重心的机体轴的转动则容易得多。

下面分析飞行器纵向上关于输入油门杆和系统状态间的关系,进而分析油门杆操纵特点。操纵油门杆的长周期近似运动方程为

$$\left.\begin{array}{l}(P+X_v)\Delta V+X_a\Delta\alpha+X_\theta\Delta\theta=-X_{\delta_T}\Delta\delta_T\\[4pt]Z_V\Delta V+(P+Z_a)\Delta\alpha-P\Delta\theta=0\\[4pt]M_V\Delta V+M_a\Delta\alpha=0\end{array}\right\}\qquad(2-52)$$

分别写出油门杆到各状态间的传递函数为

$$\frac{\Delta V(s)}{\Delta\delta_T(s)}=\frac{-X_{\delta_T}s}{s^2+\left[X_V-\dfrac{M_V}{M_a}(X_a+X_\theta)s+X_\theta\left(Z_V-\dfrac{M_V}{M_a}Z_a\right)\right]}$$

$$\frac{\Delta\alpha(s)}{\Delta\delta_e(s)}=\frac{\dfrac{M_V}{M_a}X_{\delta_T}}{s^2+\left[X_V-\dfrac{M_V}{M_a}(X_a+X_\theta)s+X_\theta\left(Z_V-\dfrac{M_V}{M_a}Z_a\right)\right]}$$

$$\frac{\Delta\theta(s)}{\Delta\delta_T(s)}=\frac{\left(\dfrac{M_V}{M_a}s+\dfrac{M_V}{M_a}Z_a-Z_V\right)X_{\delta_T}}{s^2+\left[X_V-\dfrac{M_V}{M_a}(X_a+X_\theta)s+X_\theta\left(Z_V-\dfrac{M_V}{M_a}Z_a\right)\right]}$$

δ_T 偏转引起的各量的稳态值变化为

$$\Delta V(\infty)=\Delta\alpha(\infty)=0,\quad \Delta\theta(\infty)=-\frac{X_{\delta_T}}{X_\theta}\Delta\delta_{T0}$$

由此可见,油门杆前推 $\Delta\delta_T > 0$,发动机推力增大,速度、迎角不变,但飞机俯仰角 θ 发生变化,飞机爬升。这一变化过程可以描述为

$$\Delta\delta_T > 0 \to \sum F_{xa}\uparrow \to \Delta\bar{V}\uparrow \to Q\uparrow \to L\uparrow \to 飞行轨迹向上弯$$

$\Delta\gamma\uparrow$ 达到一定值后,G 沿轨迹分力又使 $\bar{V}\downarrow \to$ 稳定后有 $\Delta T\approx G\Delta\gamma$

又因没有 δ_e 偏转,故攻角 α 只能回到原值。由此可见要提高速度,而飞机又不爬升,则应在推油门杆时,同时要前推驾驶杆操纵升降舵,使升降舵下偏移减小迎角,使 $L=G$。这样才能实现飞机平飞。若只想使飞机爬升,除前推油门杆外,还应后拉驾驶杆(升降舵上偏以增大迎角),以使飞机爬升更快。

2.5 横 侧 运 动

飞行器横侧向运动一般包含横滚、偏航和侧移三个自由度,操纵机构包括副翼 δ_a 和方向舵 δ_r。飞行器在横侧向主要受到一个力(即侧力)和两个力矩(即滚转力矩和偏航力矩)。

2.5.1 运动方程线性化

对于侧力而言,根据动力学方程组式(2-31)中关于侧向力的平衡关系,有

$$\sum F_{Y_t} = m(\dot{v} + ur - wp) \tag{2-53}$$

式中,v 为飞行器机体 Y 向的空速,根据原理可得

$$v = V_0\sin\beta$$

$$\frac{\mathrm{d}\Delta v}{\mathrm{d}\Delta\beta} = m(\frac{\mathrm{d}\Delta v}{\mathrm{d}t} + V_0\Delta r) = \Delta Y^a + G\cos\theta\sin\varphi$$

$$\Rightarrow mV_0(\frac{\mathrm{d}\Delta\beta}{\mathrm{d}t} + \Delta r) = \Delta Y^a + G\cos\theta\sin\varphi$$

同样,根据动力学方程组式(2-37)可得

$$I_x\frac{\mathrm{d}p}{\mathrm{d}t} - I_{xz}\frac{\mathrm{d}r}{\mathrm{d}t} = L_\beta^a + L_p^a + L_r^a\gamma + L_{\delta_a}^a + L_{\delta_r}^a\delta_r$$

$$I_z\frac{\mathrm{d}r}{\mathrm{d}t} - I_{xz}\frac{\mathrm{d}p}{\mathrm{d}t} = N_\beta^a + N_p^a + N_r^a\gamma + N_{\delta_a}^a + N_{\delta_r}^a\delta_r$$

由此可以得到横侧运动方程式:

$$\left.\begin{array}{l} mV_0(\dfrac{\mathrm{d}\beta}{\mathrm{d}t} + \Delta\gamma) = Y_\beta^a\Delta\beta + Y_{\delta_r}^a\Delta\delta_r + G\Delta\varphi \\[2mm] I_x\dfrac{\mathrm{d}p}{\mathrm{d}t} - I_{xz}\dfrac{\mathrm{d}r}{\mathrm{d}t} = L_\beta^a\Delta\beta + L_p^a\Delta p + L_r^a\Delta r + L_{\delta_a}^a\Delta\delta_a + L_{\delta_r}^a\Delta\delta_r \\[2mm] I_z\dfrac{\mathrm{d}r}{\mathrm{d}t} - I_{xz}\dfrac{\mathrm{d}p}{\mathrm{d}t} = N_\beta^a\Delta\beta + N_p^a\Delta p + N_r^a\Delta r + N_{\delta_a}^a\Delta\delta_a + N_{\delta_r}^a\Delta\delta_r \\[2mm] \dfrac{\mathrm{d}\varphi}{\mathrm{d}t} = p \\[2mm] \dfrac{\mathrm{d}\psi}{\mathrm{d}t} = r \\[2mm] \dfrac{\mathrm{d}Y}{\mathrm{d}t} = -V_0(\psi - \beta) \end{array}\right\} \tag{2-54}$$

通过小扰动线性化处理：

$$\left.\begin{array}{l}
(s+Y_\beta)\beta+r+Y_\varphi\varphi=-Y_{\delta_r}\delta_r \\[4pt]
L_\beta\beta+(s+L_p)p+(i_r s+L_r)r=-L_{\delta_a}\delta_a-L_{\delta_r}\delta_r \\[4pt]
N_\beta\beta+(i_p s+N_p)p+(s+N_r)r=-N_{\delta_a}\delta_a-N_{\delta_r}\delta_r \\[4pt]
-p+s\varphi=0
\end{array}\right\} \qquad (2-55)$$

式中，$i_p=-\dfrac{I_{rz}}{I_z}$，$i_r=-\dfrac{I_{xz}}{I_x}$。

2.5.2 横侧运动分析

对于式(2-55)所描述的横侧向运动方程，采用与 2.4 节同样的方法可以对其运动模态进行分析。飞机横侧扰动运动有三种模态：

1)滚转快速阻尼模态(快速倾斜运动模态)，由大负根代表；

2)缓慢螺旋模态(螺旋运动模态)，由小根代表，可正可负；

3)振荡运动模态(荷兰滚运动模态)，由一对共轭复根代表；

对于滚转阻尼模态，飞机受扰后，受到机翼产生的较大阻尼力矩的阻止而很快结束。而荷兰滚模态在横侧运动各个参数中均有明显的表现，是又摆振又滚转的荷兰滚运动。螺旋模态易形成不稳定的螺旋运动。

思 考 题

(1)飞机运动过程建模中,常用的坐标系有哪些?

(2)试给出你知道的常见飞行控制操纵舵面。

(3)飞机运动方程的基本假定包含哪几个方面?

(4)飞机纵向运动一般包含哪些模态?

第3章 舵机与舵回路

舵回路按照驾驶员指令或电信号操纵舵面,实现飞行器运动或轨迹运动的自动稳定与控制。它是由若干部件(包括放大器、舵机、反馈元件)组成的随动系统,其中舵机是执行部件。而舵机拖动的负载(主要为舵面的铰链力矩)由2.2.4小节可知,是随飞行状态而变化的。

3.1 舵 机

舵机是舵回路中的执行元件,输出力矩(或力)和角速度(或线速度),驱动舵面偏转。传统舵机如图3-1所示。

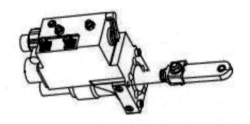

图3-1 传统舵机

常用舵机一般有电动舵机、液压舵机、电液复合舵机三种。

对于电动舵机而言,它以电力为能源,包括电动机、测速装置、位置传感器、齿轮传动装置和安全保护装置等。

液压舵机是以高压液体作为能源,按其作用可分为液压舵机(直接推动舵面偏转)和电液副舵机(通过液压主舵机,即液压助力器才能带动舵面偏转)。液压舵机一般由电液伺服阀(力矩马达和液压放大器)、作动筒和位移传感器组成。液压舵机由于功率增益大,输出功率与转动惯量的比值大,所以快速性好,控制功率小,灵敏度高,动态效果好。

电液复合舵机是由电液副舵机和液压主舵机组装而成的。电液复合舫机如图3-2所示,兼有两种舵机的功能。一般有人工驾驶、自动控制、复合工作和应急操纵等四种工作状态。

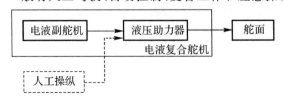

图3-2 电液复合舵机示意图

3.2　舵机的特性分析

舵机作为任何飞行器飞行控制系统中不可缺少的部件,其性能在很大程度上决定了飞行控制系统的性能,只是在大量复杂控制系统分析过程中,为了简化都将舵机特性近似为理想状态。

3.2.1　负载特性

舵机推动舵面运动时,除了要克服运动部分的惯性力矩和摩擦力矩外,还要克服舵面铰链力矩。铰链力矩是由空气动力作用在舵面上而造成的对舵面铰链轴的力矩。这部分问题已在2.2.4 小节中作了简单描述,即

$$M_j = m_j^\delta QS_\delta b_{A\delta}\delta = M_j^\delta \delta \tag{3-1}$$

其大小与舵面几何形状、类型、飞行速度、攻角、侧滑角和舵面偏转角等有关,若参数大范围变化情况下引起压力中心向前移动并越过转轴,还有可能出现反操纵现象。

3.2.2　工作特性

舵机工作是非对称的。原因有两个:

1)飞机稳定飞行时,舵面不在中间位置,而是有一个舵偏度,因此一开始就有初始值作用到舵机上。

2)在舵机工作过程中,负载力矩不对称。例如舵机使舵面偏角加大时(出舵时),铰链力矩起阻止加大的作用;而在收舵时,又起加速舵面回收的作用。

一般来讲,当舵机空载时,舵机的驱动仅用于舵面质量和惯性使然,可描述为两个积分环节与一个惯性环节相串联;而舵面受到载荷作用时,舵机特性可描述为一个二阶无阻尼振荡环节与一个惯性环节相串联。

对于铰链力矩而言,若其压力中心位于转轴中心之后,形成一个负反馈,舵机本身的工作是稳定的;若压力中心位于转轴中心之前,是正反馈,舵机传递函数中将包含不稳定的二阶环节,舵机工作不稳定,即式(3-1)中的 M_j^δ 是使舵机非对称性工作的原因。

3.3　舵　回　路

由上述分析可知,舵面铰链力矩对舵机的工作影响很大,为了削弱铰链力矩对舵机工作的影响,并满足飞行控制要求,需要对其进行闭环控制系统设计,即构成舵回路来代替单个舵机操纵舵面偏转。舵回路如图 3-2 所示。

正因如此,舵回路是由舵机与反馈通道构成的闭合回路。由于铰链力矩的存在,相当于在舵机内部引入一个反馈。可人为地引入另一个反馈构成舵回路来抵消铰链力矩的影响。传统

的舵回路根据选择的反馈参数不一样,分为硬反馈式和软反馈式。

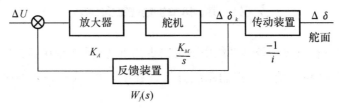

图 3-2 舵回路

3.3.1 硬反馈舵回路

将舵面输出的角位置作为输出反馈参数,称之为硬反馈式(位置反馈)舵回路,如图 3-3 所示。

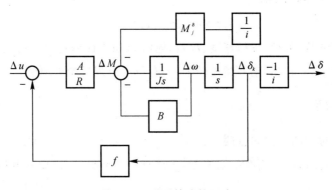

图 3-3 硬反馈式舵回路

由图 3-3 可见,硬反馈式舵回路等同于将偏角以 f 增益反馈至输入端。引入位置反馈 f,对任何飞行状态,其舵回路传递函数均为一个二阶振荡环节,且各系数仅与舵机自身的参数和反馈量 f 有关,与飞行状态无关,减弱了 M_j^δ 的影响。

3.3.2 软反馈舵回路

将舵面输出的角速度信号作为输出反馈参数,称之为软反馈式(速度反馈)舵回路,如图 3-4 所示。

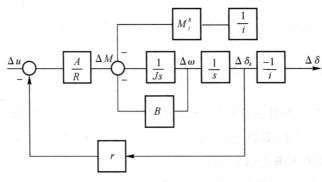

图 3-4 软反馈式舵回路

引入速度反馈 r，当 r 较大时，舵回路特性与飞行状态无关，同时减弱了铰链力矩 M_j^δ 对舵机的影响。

从控制理论上讲，硬反馈和软反馈相当于比例（P）控制和微分（D）控制方法，那么将比例和微分组合起来的 PD 控制方法就是均衡式反馈舵回路。这样一种反馈方法在高频时反映的是硬反馈作用，在低频时反映的是软反馈作用。

3.3.3　舵回路的余度设置

大部分的民用飞机在采用电传操纵系统的基础上出于对乘客安全和系统可靠性的考虑，必然采用多余度系统。而作为电传操纵系统的关键部件——作动系统，一般要求电子、电气部分具有双故障工作的能力，液压机械部分具有故障工作/故障安全的能力。

舵回路系统余度配置一般是与整个系统的配置相协调的，并具有双故障工作能力，目前国内外大部分民航飞机采用三余度作动器驱动操纵面，且同一功能的作动器均要求采用不同的能量来源。如，方向舵一般包含三个驱动舵机，若采用液压驱动则保证三个舵机液压源分别为液压系统 1,2,3；若采用电驱动则保证三个舵机电源分别为电源系统 1,2,3。

思　考　题

(1)常规飞机的舵机包含哪些部件？

(2)舵回路一般包含哪几种形式？

(3)为什么舵机需要设置余度？

第4章 飞行控制系统分析

正如1.4节所述,典型的飞行控制系统一般由三个反馈回路构成,即舵回路、稳定回路和控制回路。在第3章已对舵回路作了阐述,这里对稳定回路和控制回路进行简要介绍。典型的飞行控制系统主要包括以下三个基本组成部分。

(1)测量部件

测量部件是飞行控制的信息来源,在自动控制原理中这些参数是默认已知的,实际工程中需要各种传感器来测量飞机运动参数,如速率陀螺,加速度计等。静压和动压测量原理如图4-1所示,静压和动压系统如图4-2所示。

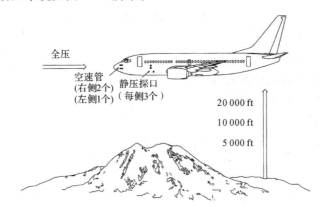

图 4-1 静压和动压测量原理

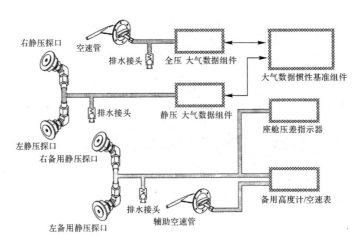

图 4-2 静压和动压系统

(2)信号处理与指令输出部件

信号处理与指令输出部件主要负责将测量部件的信号加以处理,形成符合控制要求的信号和飞行自动控制规律。所谓的飞行自动控制律是指自动控制器的输出与输入信号间的动态关系,并驱动执行机构。经典的飞行控制包括阻尼器和增稳系统。

(3)执行机构

执行机构根据放大器部件的输出信号驱动舵面偏转。

4.1　阻尼器与增稳系统

当飞机在 10 km 高空的平流层飞行时,空气相对稀薄,作为细长体,大翼展的民航飞机,其自身的阻尼力矩越来越小;同时为减少阻力,而尽量减小机身的截面积降低油耗,即机身细长,机翼又薄,机载设备大部分都装到机身上使质量加大,于是飞机绕立轴及横轴的转动惯量都增大了,而绕纵轴的转动惯量都减小了。机头在突风或气流云团的影响下有可能会出现摆动现象,使得驾驶员难以准确操纵飞机对准航线,乘客也会感觉不舒适。早期运营的民航飞机就已广泛装备了阻尼和增稳系统。

4.1.1　飞机阻尼器系统

随着飞行包线的扩大,飞机自身的阻尼下降,驾驶飞机时飞机角速度会出现强烈振荡,这是由飞机(尤其超声速飞机)结构特点造成的。飞行员操纵过程中,例如推、拉杆时,若用力过猛,会产生纵向短周期的振荡,即所谓的纵向点头。为便于操纵飞机,有必要增加阻尼器。

阻尼器以飞机角运动作为反馈信号,稳定飞机的角速率,增大飞机运动的阻尼,抑制振荡。因为飞机的角运动通常可以分解为绕三轴的角运动,因而阻尼器也有俯仰阻尼器、倾斜阻尼器及偏航阻尼器之分。

阻尼器由角速率陀螺、放大器和舵回路组成,如图 4.3 所示。

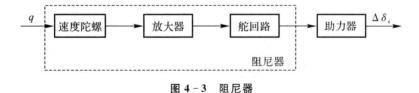

图 4 - 3　阻尼器

阻尼器与飞机(不是飞控)构成回路(见图 4 - 4)如同是阻尼比改善了的新飞机,称为飞机-阻尼系统,简称阻尼系统。

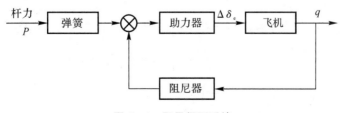

图 4 - 4　阻尼闭环系统

（1）俯仰阻尼器

俯仰阻尼器的主要作用就是改善飞机的纵向短周期运动阻尼特性。当飞机角速度信号测量后 q 经放大器、舵回路传递到舵面,使之有个偏角:

$$\delta_e = L_q q = L_{\dot\theta} \Delta \dot\theta \qquad (4-1)$$

此舵偏角引起舵面力矩,这个力矩显然是由 q 引起的阻尼力矩（$q>0 \to \delta_e>0 \to M(\delta_e)<0$,低头,使 q 受限制）这就增大了飞机的阻尼。

（2）滚转阻尼器

飞机不仅俯仰通道有阻尼器,在其他两个通道也有阻尼装备,当飞行器滚转角速度过大时,驾驶员难以操纵,所以可安装倾斜（滚转）阻尼器,以增大阻尼。

当飞机有滚转速率 p 时,速率陀螺测出,经传动比自动调节器给出当时飞行状态下的指令信号（$I_p \cdot p$）,此信号经放大器进行功率放大后,送至副舵机中,再传至助力器,使副翼偏转 δ_a,产生阻止 p 变化的阻尼力矩。

（3）偏航阻尼器

现代民航客机为了增加偏航阻尼,往往会考虑增加垂尾面积,提高荷兰滚阻尼,但飞机阻力和重力均增大,加剧飞机对侧风的反应,降低了飞机的性能,所以不用修改气动外形,而用加装阻尼器的办法提高阻尼,即

$$\delta_r = K_r r \qquad (4-2)$$

4.1.2 飞机增稳系统

现代飞机为了提高操纵能力,使飞机重心与焦点相对位置发生变化（焦点前移了）,这也使系统不稳定,为解决上述问题需要增稳系统。

（1）俯仰增稳系统

给定飞行器纵向控制律为 $\delta_e = L_a \alpha - L_g D_g$,这里 D_g 为驾驶员操纵杆位移。对于飞机短周期的运动方程

$$\left. \begin{array}{l} (s+Z_a)\alpha - s\theta = 0 \\ (M_{\dot a}s + M_a)\alpha + (s+M_q)s\theta = -M_{\delta_e}\delta_e \end{array} \right\} \qquad (4-3)$$

简化得到

$$(s^2 + C_1 s + C_2)\alpha = -M_{\delta_e}\delta_e$$

将上述控制律代入得到

$$[s^2 + C_1 s + (C_2 + M_{\delta_e}L_a)]\alpha = -M_{\delta_e}L_g D_g \qquad (4-4)$$

对于式（4-4）,$\omega = \sqrt{C_2 + M_{\delta_e}L_a} > \omega_d$,可见稳定性增加了。但 $C_1 = 2\xi_d\omega_d = 2\xi\omega$,自然频率增加,阻尼比下降,飞机阻尼特性下降。

为了使飞机既有良好的静稳定性又有足够的阻尼比,控制律中必须包括攻角和角速率 q 两种信号,即

$$\delta_e = L_q q + L_n n - L_g D_g \qquad (4-5)$$

从而既增加飞机自然频率,又改善阻尼特性。

（2）偏航增稳系统

常规飞行器由于立尾面积过小,飞行速度大,使飞机航向静安定性差,这常使飞机处于侧

滑状态飞行,不仅增大阻力,且不利转弯。所以航向也要有偏航增稳系统。航向阻尼系统用来改善荷兰滚阻尼,且提高航向静稳定性。

若取 $\delta_r = \delta_{r_1} + \delta_{r_2}$,其中 δ_{r_1} 如式(4-2)所示。而 $\delta_{r_2} = K_\beta \beta$,在控制律中增加与 β 有关的信号提高航向静安定性。在两个信号的共同作用下,既可增加阻尼又可以改善稳定性。则最终叠加驾驶员操纵的控制律为

$$\delta_r = K_r r - K_\beta \beta + K_g Z_g$$

当然实际工程中侧滑角信号都比较难以获得,所以常用侧向加速度计间接测量。

4.2　控制增稳系统

对于经典构型的民航飞机而言,如第 3 章建模所得到的被控模型,由气动外形所决定的飞行控制模型往往存在各种不可避免的阻尼不够、稳定性较差等问题,例如横侧向上经常存在的荷兰滚问题。由横侧向不稳定偏航现象如图 4-5 所示。

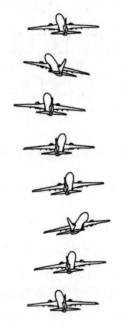

图 4-5　横侧向不稳定偏航

针对这一问题,从控制角度出发,出现了大量改善飞行器闭环阻尼、自然频率的控制器,如闭环控制图 4-6 所示。

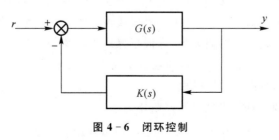

图 4-6　闭环控制

对于图 4-6,根据自动控制原理,其闭环传递函数为

$$\frac{G}{1+GK}$$

所以,无论是阻尼器还是增稳系统都只能改善飞行器稳定性,即只改善飞机阻尼和固有频率,同时却减小了系统的传递系数,降低了对飞行操纵指令的响应增益,使得操纵性下降。所以有必要解决稳定性和操纵性的矛盾问题。

此外飞机在大机动飞行时,要求有较高的角加速度灵敏度,且杆力不宜过大;作小机动飞行时,要求有较小的灵敏度,且杆力不宜过小。一般系统很难兼顾这两种要求,影响了对飞机的驾驶,所以有必要改善飞机的操纵性。为了既可以不牺牲操纵性来提高飞行阻尼比和固有频率,又可以解决这样一个非线性操纵指令问题,出现了兼顾这两方面要求的控制增稳系统(Control Augmentation System,CAS)。图 4-7 为典型控制增稳系统原理图。

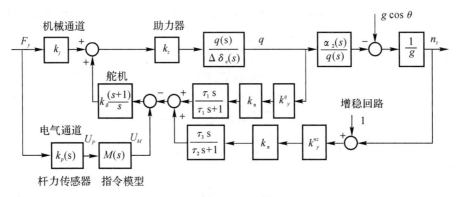

图 4-7 典型控制增稳系统原理图

由图 4-7 可以看到,其主要由三大部分构成:机械通道、包括杆力传感器和指令模型的前馈电气通道,以及增稳反馈回路。

其基本工作原理如下:

1)驾驶员的操纵信号经由不可逆助力操纵系统构成的机械通道使得舵面偏转。

2)驾驶员的操纵信号同时经前馈电气通道,由杆力传感器产生电压指令,通过指令模型形成满足操纵要求的电信号,与增稳回路的反馈信号综合使得舵面偏转。

3)由于机械通道和前馈电气通道产生的操纵信号是同号的,所以总的舵面偏转为 $\Delta\delta = \Delta\delta_M + \Delta\delta_E$,可见前馈电气通道可以使驾驶员的操纵量增加,其作用是增大传递系数,并使角加速度灵敏度满足驾驶员的要求。因此控制增稳系统又称控制增强系统。

控制增稳系统最主要的特点是:由于增设电气通道,可使系统开环增益取得较高。如果没有电气通道,那么 k_α 和 k_δ 很大时,虽然可使闭环特性只取决于反馈通道而与飞机所处正向通道无关,即系统抗干扰性提高,但同时会使以机械通道为输入、n_z 为输出的闭环传递系数变得太小,即使原闭环增稳系统闭环增益太小,降低了操纵性。增设电气通道,则可通过提高电气通道增益,补偿由于 k_α 和 k_δ 很大而产生的强负反馈作用,使整个系统特性不受飞机上的干扰及飞行状态变化的影响,从而提高操纵性。

以飞机纵向俯仰控制为例,典型比例控制律为

$$\Delta\delta_e = K_y^q q + K_y^{n_z} n_z + k_z k_p M(s) k_\delta F_y + k_z k_j F_y \qquad (4-6)$$

其中，$K_y^q = k_y^q k_a k_\delta k_z$，$K_y^{n_z} = k_y^{n_z} k_a k_\delta k_z$。

为了提高闭环系统稳态精度，引入积分控制为

$$\Delta \delta_e = K_y^q q + K_y^{n_z} n_z + k_z k_p M(s) k_\delta F_y + k_z k_j F_y + \int (K_y^q q + K_y^{n_z} n_z)\, \mathrm{d}t +$$

$$k_\delta k_z \int k_p M(s) F_y\, \mathrm{d}t$$

$$(4-7)$$

增加积分控制的控制增稳系统，如图 4-8 所示。

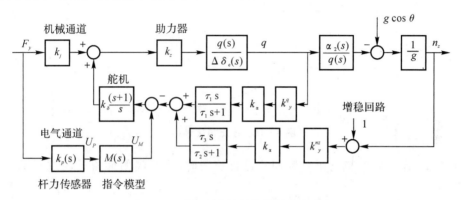

图 4-8　增加积分控制的控制增稳系统

4.3　姿态控制系统

从经典控制理论的角度讲，要想控制哪个物理量，就应测量它的值，然后按一定的反馈规律调整它，使它达到期望的值。

4.3.1　基本原理

对于三个绕轴向的角度，用垂直陀螺仪测量俯仰角 θ 和滚转角 φ，用航向陀螺仪测量航向角 ψ［经调理后（综合、放大器），送入舵回路形成指令信号驱动舵面］。从姿态控制的三个被控角度量讲升降舵主要控制俯仰角，而副翼主要控制滚转角，方向舵主要控制偏航角。简单的姿态控制原理如图 4-9 所示。

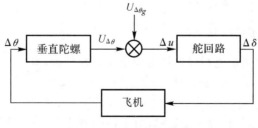

图 4-9　姿态控制原理

其中，$U_{\Delta \theta_g}$ 为外加控制电压，舵回路假定为 $G_\delta(s) = K_\delta$，陀螺仪输出电信号与测量信号之间为

线性关系,即

$$U_{\Delta\theta}=K_1\cdot\Delta\theta$$

则

$$\Delta\delta_e=K_\delta(U_{\Delta\theta}-U_{\Delta\theta_g})=K_\delta K_1\Delta\theta-K_\delta U_{\Delta\theta_g}\triangleq L_\theta(\Delta\theta-\Delta\theta_g) \tag{4-8}$$

当实际飞行器俯仰角与指令俯仰存在偏差时,会依偏差进行反馈修正,直至误差消除。修正角度过程如图 4-10 所示。

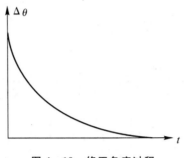

图 4-10 修正角度过程

同样道理,若外加控制电压对俯仰角进行控制时,飞行器俯仰角运动过程如图 4-11 所示。

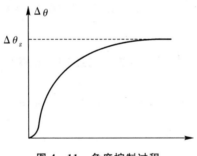

图 4-11 角度控制过程

这一控制过程其实和经典控制理论里系统稳定过程或指令跟踪过程完全一致。由自动控制理论可知,此类闭环控制过程可以分为简单比例控制、比例加积分控制等等。

简单比例控制方法虽然结构简单,但整个修正过程比例增益选择不当,很容易造成较大的角度过冲,且若外部存在恒定扰动情况下,将存在稳态误差。为了解决这一系列问题,需要采用添加微分项、提前减弱控制增益、减小过冲和振荡等措施。

4.3.2 纵向姿态稳定与控制

以比例加微分控制律为例进行纵向姿态稳定与控制分析,有

$$\Delta\delta_e=L_\theta(\Delta\theta-\Delta\theta_g)+L_{\dot\theta}\Delta\dot\theta \tag{4-9}$$

(1)稳定过程

当飞机受扰后,出现俯仰角偏差 $\Delta\theta>0$,由于控制增益 $L_\theta>0$,升降舵会产生正的偏转(即下偏),产生低头力矩,飞机绕横轴向下转动,使得 $\Delta\theta$ 减小,同时会出现俯仰角速度 $\Delta q=\dot\theta<0$,并且其值也会随着俯仰角逐渐减小而负向增大。

一般来讲,在低头力矩的作用下,绕轴向的角度运动总是先于空速向量的转动,产生迎角

$\Delta\alpha<0$，从而使得空速向量向下偏转，这一过程同样也起到减缓迎角负值增加，在纵轴旋转的速度和空速向量旋转速度相同后，迎角不再增加。而式(4-9)中右边第二负值越来越大，占据主导作用，总的舵偏角逐渐变为负值产生抬头力矩，减缓纵轴转动，使得俯仰角偏差最终趋于零。俯仰角修正过程如图 4-12 所示。

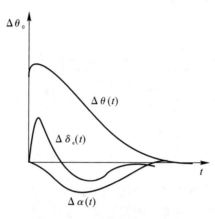

图 4-12　俯仰角修正过程

(2)控制过程

当控制律产生舵偏角 $\Delta\delta_e=-L_\theta\Delta\theta_g<0$，升降舵上偏，产生抬头力矩，飞机绕纵轴向上转动，$\Delta\theta$ 增加，同时出现 $\Delta q=\dot{\Delta\theta}>0$，$\Delta\alpha>0$，产生正值分量的舵偏角 $\Delta\delta_e=L_{\dot\theta}\Delta q>0$。俯仰角控制过程如图 4-13 所示。

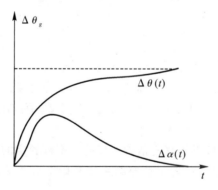

图 4-13　俯仰角控制过程

4.3.3　横侧向姿态稳定与控制

飞机侧向角运动的稳定与控制的任务是保证高精度的偏航角 ψ 和滚转角 φ，以实现令人满意的转弯飞行。

侧向角运动主要涉及飞机纵轴和空速向量的方向变化问题，即飞机纵轴在水平面转动和飞机空速向量在水平面转动。纵轴在水平面内的转动靠偏航力矩 N，它是靠偏转方向舵 δ_r 或侧滑角 β 来产生的；而空速向量在水平面内的转动是靠侧力，这个侧力是由 β 或飞机倾斜时重力的水平分量所引起的。要稳定与控制侧向角运动，必须使空速向量与纵轴相协调转动。

侧向角运动的控制方式一般包含三种：通过方向舵稳定或控制航向；只通过副翼修正航

向,方向舵用来削弱荷兰滚及减小侧滑;同时用副翼和方向舵稳定与控制航向。

1)通过方向舵稳定或控制航向。这样一种控制方式将滚转角信号加入副翼通道构成滚转稳定回路,从而保持机翼水平,将航向偏离加入方向舵构成航向稳定和控制回路,保持给定的航向。方向舵稳定与控制图如图 4-14 所示。

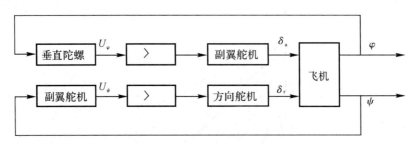

图 4-14　方向舵稳定与控制

上述方法主要用于修正小角度转弯,纵轴与空速协调性较差,是带侧滑的水平转弯。

2)通过副翼修正航向而用方向舵削弱荷兰滚。这样一种方法是在副翼通道内加入航向角的偏差信号,用于对航向的修正。

3)同时用副翼和方向舵稳定与控制航向。这属于协调方案,有两种协调方法:航向偏差信号同时送入副翼与偏航通道;在副翼与方向舵分别引入交联信号。

4.4　轨迹控制系统

4.4.1　轨迹控制概述

众所周知,各个舵面产生的偏转力矩首先引起的是飞行器绕气动焦点的角度运动,且从纵向运动分析也可以获知,角度运动也属于短周期运动,响应速度快。从飞行控制系统三个回路的概念出发,上述姿态控制系统主要属于稳定回路的范畴。而轨迹控制属于控制或制导回路的范畴。

飞行控制的目的是使飞机以足够的精确度保持或跟踪预定的飞行轨迹。控制飞行器运动轨迹的系统称为制导系统,它是在角运动控制系统基础上形成的。轨迹控制框图如图 4-15 所示。

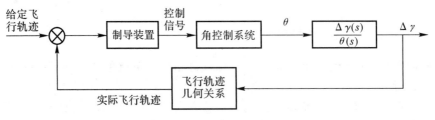

图 4-15　轨迹控制框图

从图 4-15 看,轨迹控制系统中输入量是预定轨迹参量,输出量是飞行器实际运动参量,制导装置(即耦合器)测其偏差并以一定规律控制角运动,使飞机按要求的精度回到给定轨迹上。在制导系统(或轨迹控制系统)中,角运动控制回路是内回路。

4.4.2　高度稳定与控制

高度的稳定与控制问题在很多场合都有着重要的作用,如远距离巡航、自动进场着陆时初始阶段等等。

飞行高度的稳定与控制不能由俯仰角的稳定与控制来完成。飞机由于受外界干扰或其他原因,存在俯仰角及航迹倾斜角静差,不能保持高度。角稳定系统在垂直风气流干扰下同样会产生高度漂移。必须有专门的高度稳定与控制系统。

常规的高度稳定和控制系统控制律是在升降舵的俯仰角控制律基础上添加高度偏差或高度变化率构成的。高度变化率的引入主要为了改善高度稳定性系统的阻尼特性。

4.4.3　自动着陆控制

自动着陆是 20 世纪 60 年代初发展起来的一种控制系统,即它能在恶劣气候、无目视基准条件下,自动导引飞机,安全正确地在跑道降落。典型的着陆过程包括:定高、下滑、拉平、保持(飘落)和滑跑阶段。着陆过程如图 4 - 16 所示。

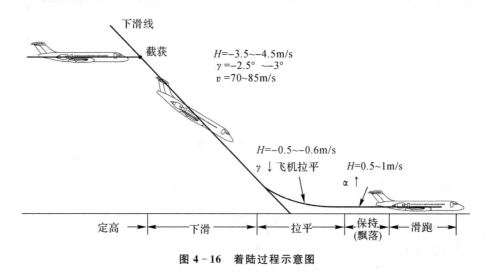

图 4 - 16　着陆过程示意图

地面上的下滑信标台向飞机着陆方向连续发射两个频率的无线电调幅波(90 Hz 和 150 Hz),其载波频率范围一般为 329.3~335 MHz,由 90 Hz 的大波瓣下沿与 150 Hz 最下面一个波瓣互相重叠,形成等信号线(即下滑波束中心线),此线仰角一般为 2°~4°,在此下滑线下方 150 Hz 调幅信号强于 90 Hz 的信号,而此线上方则是 90 Hz 信号较强。下滑信标台如图 4 - 17 所示。

下滑波束导引系统接收来自下滑信标台的波束信号,经放大、限幅和信号变换后导入俯仰角位置控制系统中,当飞机偏离下滑线一边时由于机上接收到的两个频率信号强度不等而出现波束偏差角,驱动升降舵的俯仰角控制功能,迫使飞机回到波束中心线上,从而实现飞行器着陆过程的下滑线跟踪。下滑过程控制如图 4 - 18 所示。

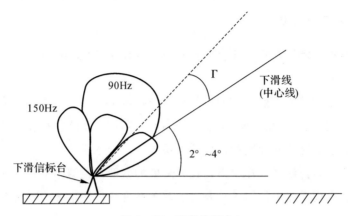

图 4 - 17　下滑信标台

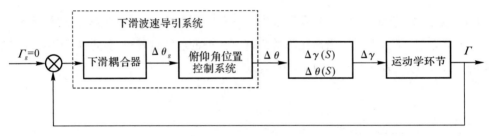

图 4 - 18　下滑过程控制

思　考　题

(1)典型的飞行控制系统主要包括哪三个基本组成部分?

(2)按照轴向,阻尼器可以分为哪些?

(3)飞机增稳系统相比阻尼系统的区别是什么?

(4)控制增稳系统相比增稳系统的区别是什么?

(5)用你自己的话描述一下民用飞机着陆所涉及的控制过程。

第5章 现代飞行控制技术

5.1 概 述

早期民航飞机(如 B737-200、DC-8 等)的飞行操纵系统由驾驶杆到气动舵面的杆系构成,是简单的拉杆摇臂式机械操纵系统。甚至在民航飞行发展的早期,大量民机飞行控制系统操纵还是采用钢索等机械方式进行控制指令的传递。机械式操纵机构如图 5-1 所示。

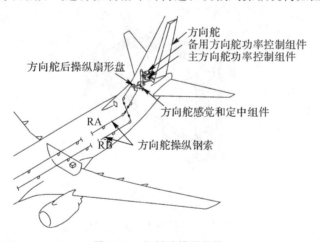

方向舵
备用方向舵功率控制组件
主方向舵功率控制组件
方向舵后操纵扇形盘
方向舵感觉和定中组件
RA
RB 方向舵操纵钢索

图 5-1　机械式操纵机构

随着飞机性能的提高,特别是长时间飞行,迫切需要减轻驾驶员的体力负担,于是出现了自动驾驶仪。众所周知,自动驾驶仪(Auto-Pilot,AP)的执行机构与人工操纵杆系的作动器是并联的,一般情况 AP 与驾驶杆不能同时操纵飞机。操纵杆上的自动驾驶断/开关如图 5-2 所示。

飞行操纵系统的发展可分为以下四个阶段:

1)简单机械操纵系统;

2)不可逆助力操纵系统;

3)增稳与控制增稳系统;

4)电传操纵系统(Flight By Wire,FBW)。

第一阶段:20 世纪 50 年代以前。当时飞行速度不高,

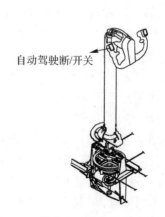

自动驾驶断/开关

图 5-2　操纵杆上的自动驾驶断/开关

舵面气动载荷不大,操纵系统只是简单的一杆三舵和机械传动杆系,凭借驾驶员体力可拉动舵面。驾驶杆如图 5-3 所示,脚蹬杆系如图 5-4 所示。

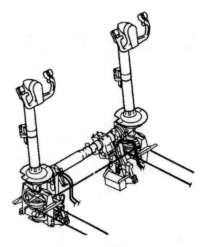

图 5-3 驾驶杆系

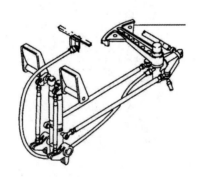

图 5-4 脚蹬杆系

第二阶段:20 世纪 50 年代初中期。飞行速度加大,作用在舵面上的气动载荷急剧增加,单凭驾驶员体力难以操纵飞机,因而研究出助力操纵。为使驾驶员感觉到飞行速度和高度的变化,在助力操纵系统中,设置了回力杆,将部分舵面气动载荷传到驾驶杆。这种系统称为"可逆助力操纵系统"。但当飞行速度跨声速时,在跨声速区出现了操纵杆力变化的不可操纵性,由此出现采用全动平尾以增加舵面面积,补偿舵面操纵的效能,但全动平尾铰链力矩很大,以致无法实现所需回力比,故取消了回力杆(系统成为不可逆助力操纵系统),并在操纵系统中安装了载荷感觉器(载荷机构),与力臂调节器配合使用以满足驾驶员对杆力特性的要求。

第三阶段:20 世纪 50 年代中期到 60 年代,为了提高飞行器空中飞行的稳定性,发展了阻尼和增稳系统,第一次将人工操纵与自动控制结合起来,增加了特定飞行包线的阻尼,改善了飞行稳定性。但随着增稳系统的采用,降低了飞机的操纵性,为有效解决稳定性与操纵性的矛盾,在增稳系统基础上发展了控制增稳系统。

第四阶段:20 世纪 60 年代至今。虽然控制增稳系统能兼顾飞机稳定性和操纵性的要求,但是这些系统都是在不可逆助力机械操纵系统基础上发展起来的,本质上仍属机械式操纵,驾驶杆到助力器间复杂的机械杆系存在很大的弱点,如空间占用大、重量大、结构复杂、维修性差、生存能力低等。

20 世纪 70 年代随着计算机的迅猛发展,在控制增稳飞行操纵系统基础上,模拟式和数字式电传飞行控制系统取代了庞大的杆系操纵。由于电传操纵系统应用了余度技术,较复杂杆系操纵具有更高的安全可靠性,故障率低,消除了机械杆系存在的间隙、摩擦、变形等非线性问题,改善了微小信号的传递。空客 320 飞机的电传操纵过程如图 5-5 所示。

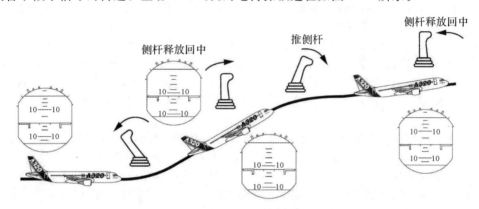

图 5-5　空客 320 飞机电传操纵过程

5.2　电传操纵系统

5.2.1　问题的提出

控制增稳系统虽然能兼顾驾驶员对飞机稳定性和操纵性的要求,但对于飞行操纵性能的提高是有限的。

(1)控制增稳系统的舵面操纵权限有限

控制增稳系统的舵面操纵权限比增稳系统有所提高,但为确保飞行安全,操作权限大概只有最大舵偏角的 30%,难以满足整个飞行包线内改善飞行品质的要求。对于军机而言,还存在战场生存能力低的问题。如,在越战中因炮火击中机械操作系统导致机毁人亡的事故率高达 30%。其主要原因就是机械杆系分布集中,容易被敌方一击命中。

(2)结构复杂,重量大

控制增稳系统以在机械操纵基础上叠加电气通道构成,在结构复杂度和重量方面,均大于不可逆助力操纵系统,且机械系统存在间隙、摩擦和弹性形变等问题,难以将微小操纵信号进行精确传递。

(3)存在力及功率反传问题

无论增稳系统还是控制增稳系统都存在机械杆系与舵机两种系统,在人工操纵时,有力传到舵机,但不影响舵机的工作;舵机工作时,也有力传到驾驶杆,称为力反传现象。由于舵机为随动系统,工作时断时续,或时快时慢,因此会使驾驶杆产生非周期振荡现象。

此外还有功率反传问题,是由舵机和助力器输出速度不匹配引起的。一般舵机的输出速度总是大于助力器的输出速度,因此,由舵机到助力器之间的动量在助力器输入端引起的碰撞会反传到驾驶杆,从而引起驾驶杆和助力器输入端的瞬间撞击现象。

5.2.2　电传飞行特点

由上述可知,产生这些缺点的根本原因在于控制增稳系统存在机械杆系。在 20 世纪 50 年代末期提出了一种全新的操纵系统——电传操纵系统。电传操纵系统主要靠电路传递飞行员指令,因而在这种系统中不再含有机械操纵系统。其主要特点如下:

1)有利于提高飞机战场的生存能力。由电路代替机械杆系,可使飞机操纵系统被炮火击中的概率减小,提高战场生存能力。

2)因无机械杆系,可以减轻重量,消除机械系统存在的间隙摩擦等非线性与弹性变形的影响,有利微小信号传递。波音 767 飞机与尺寸相同的波音 757 飞机相比,电备份的 FBWS 节重 272 kg,机械备份的电传飞行控制系统(FlyByWire System,FBWS)节重 163.29 kg。

3)因无机械杆系,无复合摇臂装置,可克服力反传,功率反传现象,从而不会引起驾驶杆非周期振荡。

4)可以采用侧杆控制器或小型中央驾驶杆,极大地改善驾驶舱布局和提高人机工效,可以方便组合飞行包线保护功能,减轻驾驶员操作负担并增强驾驶员处理危急事件的作用。采用机内自测试(Build-In-Test,BIT),简化飞行操纵系统的维护程序并增强飞机派遣效率。

为保证电传操纵系统的可靠性,需采用余度技术,即引入多套系统执行同一项工作任务。多重系统也称为余度系统,系统应满足下列三个条件:

1)对组成系统的各个部分具有故障监控、信号表决的能力。

2)一旦系统或组成系统的某部分出现故障,应有故障隔离能力,即应有二次故障能工作的能力。

3)出现故障后,系统能重新组织余下的完好部分,具有故障安全的能力,并在少量降低性能指标的情况下继续承担任务。

可见,采用余度技术的实质就是通过消耗、应用更多的资源换取可靠性的提高。当系统中出现一个或数个故障时,它具有重新组织余下的完好部分,使系统具有故障安全或双故障安全的能力,即在性能指标稍有降低的情况下,系统仍能继续承担任务。

5.2.3　电传系统详细结构

FBWS 的基本方案有模拟式和数字式两大类,后者实际上是混合系统,即系统中除数字计算机外,其他部件仍是模拟式的。数字式 FBWS 易于实现多种逻辑功能,便于实施复杂的控制律和修改控制律,并易于实现自动驾驶仪、导航通信等交联。民机电传操纵结构如图 5-6 所示。

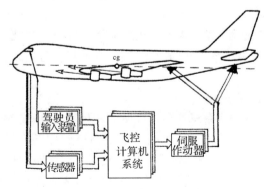

图 5-6　民机电传操纵结构

　　模拟式电传系统是去掉了机械操纵的控制增稳系统,它是多余度的。在这种系统中主要包括模拟式传感器、舵机及模拟式电子组件(模拟计算机),这就是说系统的一切部件和电路均是由单功能的硬件组成的,通过这些硬件来实现控制律与余度管理。单通道模拟电传操纵系统如图 5-7 所示。

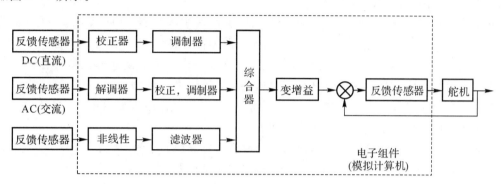

图 5-7　单通道模拟电传操纵系统

　　变增益在于使信号适合飞行状态的变化,有时为防止结构共振与颤振,还需增加结构滤波,由于模拟式元部件及技术在自动驾驶仪与增稳系统中用了多年,因此较为成熟。但这种系统的缺点是系统中每一个细小功能都要用特定的硬件或电路来实现,所以结构复杂,尤其在实现多余度管理之后,系统就更庞杂,且不精确,因此近年来逐渐被数字式电传系统所代替。

　　电传操纵系统实际上是在控制增稳基础上,取消不可逆助力机械操纵通道,只保留驾驶杆经杆力传感器输出电气指令信号的通道。无论模拟式还是数字式系统,其功能与控制原理都是相同的。对每一种特定的飞机来说可能有不同的系统结构和功能要求,也即有不同的控制规律,但是在基本方面是大致相同的。

　　电传操纵系统的关键在于安全可靠性,对于全时全权限的电传系统来说,其系统可靠性要求与现在的机械操纵系统至少一样,或者更高,因此须采取余度技术。所谓余度就是引入多套(重)系统,执行同一指令,完成同一项工作任务,这种多重系统就称为余度系统。四余度模拟式电传操纵系统如图 5-8 所示。

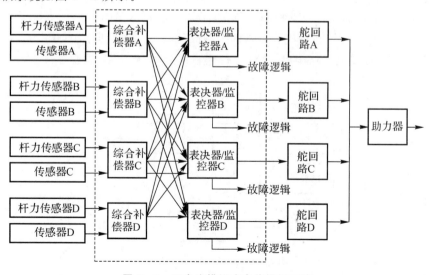

图 5-8　四余度模拟式电传操纵系统

四余度杆力传感器:接收驾驶员指令输入信号。

四余度传感器:含速率陀螺与加速度计,用于提供增稳信号。

四余度的综合补偿器:是电子组件,也是模拟式飞行控制计算机,完成数据处理、增益调整、滤波、动态补偿、信号放大等功能。

四余度表决器/监控器:也是飞控计算机中的功能,其中表决器(又叫信号选择器)完成信号选择;监控器则实现故障监控、检测、识别及隔离故障信号,使其不传到舵机上去。

余度舵机:四个舵回路输出通过机械装置共同操纵一个助力器使舵面偏转。若有 2 个舵回路是故障信号,助力器仍可按正确信号工作,具有双故障工作能力。

在电传操纵系统基础上,大多数系统有备份系统,有的飞机用机械系统作为备份系统,而有的飞机则是电气备份系统。其备份形式如下:

1)开环式系统:无反馈控制功能,仅适用于没有放宽静稳定性的飞机。

2)闭环式系统:相当于在特殊条件下工作的(如应急返航、着陆等)电传系统。

对于备份系统,要求结构简单、坚固耐用、高度可靠,其功能只保证返航着陆,所以一般用模拟式的电路实现。备份系统不能用主系统中的计算机,因为备份系统设计是为主系统计算机损坏情况下设计的。

FBW 的实质是计算机控制(Fly-By-Computer),功率/动力电传(Power-By-Wire)和以光纤为媒体的光传操纵是 FBW 的深层和高层发展。民机 FBW 在经济性、安全性、可靠性、维修性和舒适性方面比军机有更苛刻的要求。20 世纪 80 年代后期 A320 飞机投入航线运营和波音 767 飞机完成预发展,标志民机 FBW 时代的真正开始。

5.3 主动控制技术

5.3.1 基本概念与主要功能

过去传统的飞机设计中,并不考虑飞行控制系统的协调和整机性能作用的提高,因此设计出来的飞机即使不加任何飞行自动控制设备,也必须是稳定可飞的。传统飞机设计过程如图 5-9 所示。飞控系统只应用在飞机可提供的控制面(如升降舵、副翼、方向舵)上,且从安全角度考虑,其操纵权限还受到严格限制,这种飞行控制只能算"被动"式控制。

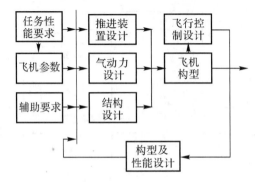

图 5-9 传统飞机设计过程

　　20 世纪 70 年代,出现了飞机设计的新技术——随控布局设计(Control Configured Vehicle,CCV)技术,按随控布局思想来设计飞机,可为飞行控制的需要专门设置必要的控制面。这种飞机如没有某些必备的控制系统,就根本做不到稳定与可靠飞行。换句话说,飞控系统已是飞机不可分割的部分。这种飞机的布局是按气动、结构、推进和自动控制四个基本要素来协调确定的,因此飞行控制系统在飞机设计时,可以对飞机提出新的控制面结构要求,可以实现全权限操纵飞机。这种随控布局飞机就是主动控制技术(Active Control Technology,ACT)的飞机。随控布局飞机设计过程如图 5 - 10 所示。

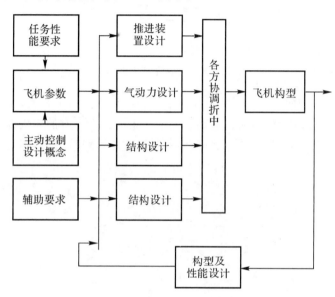

图 5 - 10　随控布局飞机设计过程

　　主动控制范畴广泛,民用飞机工程多按下述概念定义:"驾驶员指令不直接地运动操纵面,而是经由在线计算机翻译、运动操纵面并提供该指令的最终飞机响应,由计算机指令全权控制飞行。"

　　目前,在飞机上可实现的主动控制功能包括:

　　1)放宽静稳定性(Relaxed Static Stability,RSS)。

　　2)直接力控制(Direct Force Control,DFC)。

　　3)机动载荷控制(Maneuvering Load Control,MLC)。

　　4)阵风减缓(Gust Load Alleviation,GLA)。

　　5)乘坐品质控制(Ride Quality Control,RQC)。

　　主动控制技术的物质基础是电传操纵系统,因为在电传操纵系统的基础上,增加一些线路和操纵面就可实现主动控制。因此采用主动控制的飞机必须首先是电传操纵的。控制增稳功能是 FBW 的基本特性,也是主动控制技术的最基本功能。

5.3.2　放宽静稳定性

　　所谓放宽静稳定性,就是把飞机静稳定性设计得比正常要求值小,甚至设计成是静不稳定的。这种飞机在受到扰动或实施机动时是不够稳定或者不稳定的,这取决于静稳定性放宽的程度,对这样的飞机一般要用自动控制方法来补偿其静稳定性(其包括纵向与航向放宽静稳定性),以解决纵向静稳定度太大,操纵费力,飞机机动性差的问题。

例如飞行纵向上,常规飞机为保证静稳定性,重心与焦点间距离要满足一定的数量要求,即"重心后限"——焦点在重心之后,如图5-11所示。

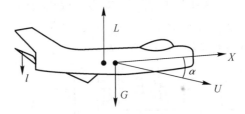

图 5-11　静稳定飞机

从力的平衡上看出,升力 L 既要平衡重力 G 又要平衡尾翼的负升力,要求平飞迎角 α 大,造成机翼载荷增加,由于 α 大而飞机迎风面积和配平阻力加大。有的飞机设计时,重心位置无法满足在焦点前一定距离的要求,而不得不给飞机前机身加配重,这是不合理的,如图5-12所示。

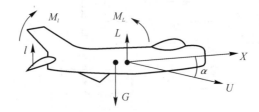

图 5-12　静不稳定飞机

5.3.3　直接力控制

直接力控制是飞机在某些自由度不产生运动的条件下,直接通过控制面造成升力或侧力来操纵飞机机动,也称为"非常规机动"。

对于常规飞机要产生升力或侧力必须是间接地通过迎角 α 或侧滑角 β 的改变来产生,而它们的变化又与飞机的转动有关,这样就造成了常规飞机各种模态运动间的相互耦合。

直接力控制是直接产生按要求改变轨迹的力,只对飞机的力的平衡产生影响,而不需要使飞机先产生姿态变化,再产生力的变化,所以这种直接力控制实际上是解耦控制。这种直接力控制对于增强飞机的机动性、保持精确航迹具有重要意义。

直接力控制按种类可以分为:

1)直接升力控制:单纯直接升力,单纯俯仰运动,垂直平移模式。直接升力控制如图5-13所示。

2)直接侧力控制:单纯侧力运动,单纯偏航运动,单纯侧向平移模式。直接侧力控制如图5-14所示。

3)阻力/推力控制。

设计直接力控制系统,就是要解决各种模态运动的耦合问题,实现纯模态操纵。飞机是六自由度的运动(在三个正交轴上的平移与转动),这六个自由度运动彼此是相互影响的,要想形

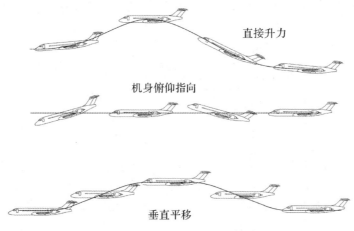

图 5 - 13　直接升力控制示意图

成一个纯模态运动是困难的,需要驾驶员同时操纵几个操纵器与舵面才行,所以操纵十分复杂;对于进场着陆阶段而言,由于给飞行员的时间、空间都有严格限制,一旦操纵失误,可能会引起危险,尤其在侧风进场中难度更大,所以要设法解决"去耦"问题,实现纯模态控制。

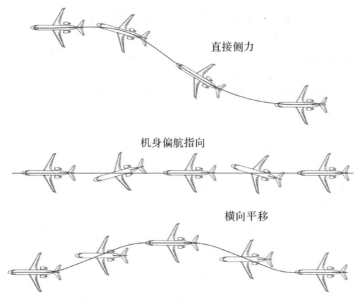

图 5 - 14　直接侧力控制

由于升力和侧力的产生是通过旋转运动获得的,因此造成了运动模态耦合。设法通过控制面的作用,保证产生轨迹运动时,不产生姿态变化——这是设计的第二个出发点。而这些控制面只能靠自动控制系统实现。

以飞行器纵向修正高度为例,常规飞机的修正高度如图 5 - 15 所示。先使 δ_e 向上偏,$\delta_e < 0 \rightarrow M_{\delta_e} > 0$,产生抬头力矩。飞机纵轴 OX 向上转,此时速度向量来不及转($\Delta\alpha > 0$),产生升力增量 $\Delta L > 0$,出现速度向量向上转,飞机高度增加;当高度达到给定值时,还得实现上述过程的反操纵。修正过程慢,不适用于如飞行器进场等对高度控制精度和速度有要求的场合。

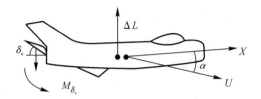

图 5-15 常规飞行器修正高度

当采用直接力控制后,将常规襟翼改为机动襟翼 δ,这样当向上修正高度时,可直接向下偏转机动襟翼,使 M_δ 平衡于 M_{δ_e},进而获得了纯粹的升力增量,才可实现纯粹的平移。由此可知:设计出发点是通过对附加控制面的操纵,达到运动模态去耦,实现直接力产生,如图 5-16 所示。

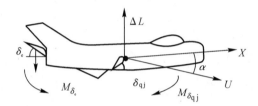

图 5-16 直接升力控制方法

5.3.4 机动载荷控制

机动载荷控制是利用自动控制的方法,在飞行器飞行时重新分布机翼上的载荷使其具有理想的分布特性,从而大大减小机翼结构重量。机动载荷控制是 CCV 的基本功能之一,它同 RSS(放宽静稳定性)功能一起最先投入应用。

在飞机设计中,希望机翼上的载荷有一个理想的分布规律,从而降低翼根弯矩,减轻结构疲劳,延长飞机的寿命。从经济性上讲,也希望有一个理想的载荷分布,以获取最小阻力特性和最大的升阻力,减少油耗,降低航空公司成本。

要理解机动载荷控制的基本概念,首先需要理解常规飞行器沿机翼的载荷分布情况,如图 5-17 所示。

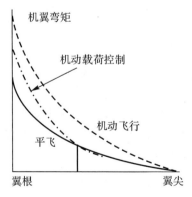

图 5-17 常规飞行器载荷分布

　　常规飞行器越靠近翼根部分,其所承受的弯矩越大,当然相应的翼梁凸缘面积也越大。但若采用自动控制的方法可以将弯矩更加集中在机身翼根处,就可减轻机翼结构重量,也就减轻了飞机的重量,提高了飞机巡航的经济性。

　　常用的机动载荷控制方法是对称地偏转副翼、襟翼,调整升力分布;或者将内襟翼改为快速动作的机动襟翼,在原来副翼外侧增加一对可同时对称偏转的外侧襟副翼,使更多载荷分配到翼根区,使气动中心被迫向内翼段移动,减小了翼根的弯矩(比计算弯矩减少 10%~15%),机翼结构重量可减轻 5%,航程可增加 30%。机动载荷控制如图 5-18 所示。

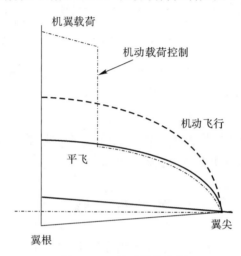

图 5-18　机动载荷控制

5.3.5　阵风减缓与乘感控制

　　民机在大气中经常遇到各方向的气流,气流强度大的风称为阵风。典型的阵风有水平阵风和垂直阵风。飞机在这种阵风中飞行会产生过载,水平阵风及其引起的过载增量很小,而垂直阵风对过载的影响较大。

　　随着气候的变化和环境的污染加剧,飞行器在飞行过程中易受气流影响出现颠簸,上下振荡更是常见的现象,不但降低乘客舒适性,严重时会导致乘客头晕呕吐等,同时也增加了机身结构疲劳。若阵风频率接近机翼的弯曲固有频率,则会产生共振,在机翼翼尖上可能产生很高的过载,对悬挂于机翼上的装置(如发动机、油箱等)很不利。

　　在阵风干扰时,降低均方根过载反应,提高扰流中飞行的平稳性,从而改善乘员的舒适度,对大型飞机是很必要的。在一般情况下:飞机在受阵风干扰时,会有加速度(或过载)的随机变化。在自动驾驶仪或增稳中,已能在一定程度上衰减阵风响应,改善飞机在扰流中飞行的稳定性,它是在基本舵面的基础上实现的,即用线加速度反馈,通过基本舵面产生间接升力或侧力,来抵消阵风引起的加速度(或过载),或用角速度、角位移反馈来抵制姿态的变化。由于是靠间接力控制不能解决运动耦合问题,必须靠 α、β、姿态角的改变,才能造成用以抑制阵风反应的气动力,这样的效果不能令人满意。

　　为了有效地抑制加速度(阵风引起的),需采用直接力作为反抗扰动的动力,为此要增加附加舵面(机动襟翼等),并使之与基本舵面协调动作产生直接力,用加速度反馈信号驱动舵面,而不是用飞行员指令来驱动。阵风减缓控制过程如图 5 - 19 所示。

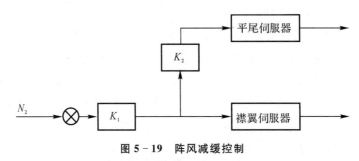

图 5 - 19 阵风减缓控制

负反馈信号 Δn_z 按传动比 K_1 驱动襟翼,同时按交联传动比 K_1 协调偏转全动平尾,两者产生纯升力增量以抵消阵风引起的升力或法向加速度;两者产生的俯仰力矩相互平衡。大型民机采用上述方法,飞机可获得 70% 阵风减载效益。

A320 飞机采用副翼和两块扰流板实现的载荷缓和功能,在严重的大气湍流中沿翼展减小对称向上弯矩 15%,可节省机翼结构重量 180 kg。

思 考 题

(1)电传操纵系统相比于传统操纵系统的优势是什么?

(2)主动控制技术所包含的几个知识点分别是什么?

(3)从理论上讲,主动控制技术的基础是什么?

第6章 民用飞机自动飞行控制系统

6.1 自动飞行控制系统的发展历程

自动飞行控制系统(Automatic Flight Control System,AFCS)是一种实现飞行过程中飞机姿态、航迹的自动控制和稳定控制的系统。飞行员通过自动飞行控制系统的控制界面输入控制参数和指令,系统根据指令自动控制飞机,大大减轻了飞行员负担,提高了飞行任务适应能力和效率,使飞机可以在长时间和长距离内沿预先设定的航线实现自动飞行,使飞机在夜间和恶劣天气中飞行成为可能。

自动飞行控制系统是由自动驾驶仪发展而来的,自动飞行控制系统的发展主要经历了以下两个阶段。

(1)自动驾驶仪阶段

在民航发展初期,机组在飞行过程中需要持续关注飞行状态,以确保飞行的安全性。随着飞机航程的增加,数小时飞行中的注意力高度集中极易造成机组疲劳,这一问题的解决催生了自动驾驶仪的研发和运用。最早的自动驾驶仪距今已有一百多年。世界上第一套自动驾驶仪由 Sperry 公司于 1912 年开发,其由陀螺实现俯仰轴和滚转轴的控制,确保飞机平直飞行,并于 1914 年首次用于飞行,1933 年利用自动驾驶仪实现了八天内完成环球飞行。早期的自动驾驶仪利用反馈控制原理稳定飞机的角运动,实现飞机的稳定平飞;通过引入少量的输入指令,协助飞机的操纵。

(2)自动飞行控制系统阶段

20 世纪 60 年代初,在原有自动驾驶仪的基础上,技术人员进一步开发,引入了更多的附加设备(例如无线电导航辅助设备),逐步参与了外回路的控制。随着对自动进近和自动着陆的需求,自动驾驶仪进一步发展,扩大了外回路的控制,引入自动油门进行推力的控制,形成了自动飞行控制系统,其主要功能不再只是角姿态的稳定和控制,而是实现航迹/速度的自动控制。此时,飞行模式控制板已成为不可或缺的部件,飞行员需要通过飞行模式控制板选择自动飞行控制系统的工作模式,设定预选的速度、高度等参数。

随着计算机技术和信息化技术的发展,20 世纪 80 年代,自动飞行控制系统也开始高速发展。数字式的自动飞行控制系统和电子飞行仪表系统结合将自动飞行控制系统的工作模式通过显示器以信息通告的形式告知机组,并用于机组监控自动飞行控制系统的工作状态。数字式的自动飞行控制系统和飞行管理系统进行交联,将飞行管理系统作为工作指令的来源方。只要飞行管理计算机系统中存在有效的飞行计划航路,并选择自动飞行控制系统工作于水平导航和垂直导航的方式,再加上自动油门系统对发动机推力的自动控制,自动飞行控制系统就可以控制飞机沿飞行计划航路的水平剖面和垂直剖面飞行了,实现了真正意义上的自动飞行。

自动飞行控制系统作为现代大型民用客机的重要组成部分,经过多型号的研制,国外很多公司已具自动飞行控制系统整体的研发能力,并推出多型号的自动飞行控制系统。早在 20 世纪八九十年代波音公司的 B737-300/400/500 和 B747-400 就搭载了型号为 SP-300 的自动飞行控制系统,空客公司的 A300 和 A310 搭载了 SFENA.IFS-86 自动飞行控制系统。我国的 MA700、ARJ21、C919 等大型民用客机的自动飞行控制系统基本上由国外供应商独立承担,自动飞行近控制系统的模式建模和控制律设计都由供应商设计,由于知识产权等原因,无法获取系统内部的设计细节。

6.2　自动飞行控制系统的组成

自动飞行控制系统是现代民机不可或缺的重要系统,自动飞行控制系统用飞机传感器提供的所需信息进行飞机位置计算,根据飞机的位置和设置的飞行计划计算指令控制飞机和发动机,自动飞行控制系统的指令输至飞控系统计算机和发动机控制计算机来控制飞机操纵面和发动机,以此控制飞机的推力、姿态和飞行轨迹。

民用运输机自动飞行控制系统通常由基本自动驾驶仪(Auto-Pilot,AP)、飞行指引仪(Flight Director,FD)、飞行模式控制板(Flight Mode Control Panel,FMCP)和自动推力系统(Auto Thrust System,ATS)或称自动油门系统组成。

6.2.1　自动驾驶仪

自动驾驶仪的原理如下:飞机偏离原始状态,敏感元件感受到偏离方向和大小,并输出相应信号,经放大、计算处理,操纵执行机构(如舵机),使控制面(例如升降舵面)做出相应偏转。由于整个系统是按负反馈原则连接的,其结果是使飞机趋向原始状态。AP 功能提供指令信号控制飞机的俯仰、横滚和偏航三个轴上操纵面的位置。通过按压 FMCP 上的相应按钮可接通 AP,一般可以通过操纵杆/盘上的断开按钮和 FMCP 上的 AP 按钮实现自动驾驶仪的断开。自动驾驶仪结构如图 6-1 所示。

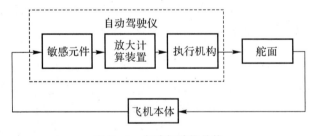

图 6-1　自动驾驶仪结构

自动驾驶仪的基本功能如下:
1)保持飞机俯仰、滚转、偏航三轴的稳定。
2)实现给定航向或俯仰角的控制,使飞机自动改变并稳定于期望航向或俯仰角。
3)自动操纵保持飞机进行定高飞行或高度控制。

6.2.2　飞行指引

飞行指引用于显示各飞行模式的导引指令[10],提供进入和保持目标状态所需要的飞机姿态指引,并通过飞行指引的指令杆的方式显示,如图 6-2 所示。导引指令是自动飞行控制系统通过比较所测到的飞机当前状态(位置,速度,高度)与期望的状态的差距,经过计算给出的俯仰和滚转导引指令。

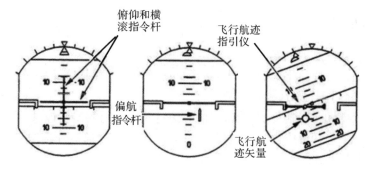

图 6-2　飞行指引指令

6.2.3　飞行模式控制板

自动飞行控制系统可以按照飞行员的期望对飞机进行控制,因此飞行员与自动飞行控制系统之间需要相应的人机交互界面,通过交互界面选择期望运行的自动飞行控制功能或模式。飞行模式控制板(FMCP)用于飞行员接通/断开飞行指引系统、选择自动飞行工作模式以及输入预选的高度、速度等。不同型号飞机的飞行模式控制板均有各自的设计特点,一般都具有 AP 和 FD 接通/断开按钮以及飞行指引模式的选择按钮。图 6-3 为 ARJ21-700 飞机的飞行模式控制板,图 6-4 为 A320 系列飞机的飞行模式控制板。

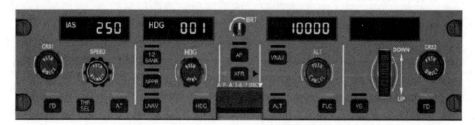

图 6-3　ARJ21-700 飞行模式控制板

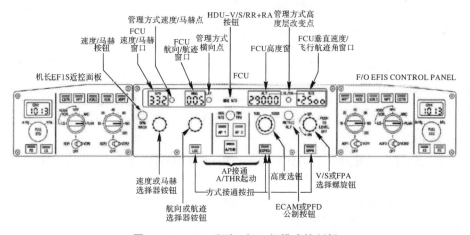

图 6-4　A320 系列飞机飞行模式控制板

上述控制面板名称各异、大小不同、开关设置有别、布局各有特点,但都为飞行员提供了与自动飞行控制系统进行交互的途径。

6.2.4 自动油门

实现对飞机速度控制的方案有两种[12]:

1)将速度误差信号和给定的速度信号送入自动驾驶仪的纵向通道,通过控制升降舵改变飞机的航迹倾角,利用重力来改变飞机的飞行速度。

2)将速度的误差和目标速度引入自动油门,通过对推力的控制实现对速度的控制,以保证飞行过程中对飞行速度的要求。自动油门由自动油门计算机、油门杆伺服机构、空速传感器、显示设备以及控制设备组成。

6.3 自动飞行控制系统的工作模式

6.3.1 模式概述

飞行过程中所经历的各个飞行阶段所采用的飞行控制律是不一样的,进而可实现多种控制以应对不同飞行场景的需求,即常规飞行控制实践所说的增益规划(Gain Scheduling,GS)。常规自动飞行均提供了多种控制模式,以对应到不同的飞行阶段、飞行需求以及控制目标。自动飞行控制系统在其中起到大脑决策的作用,完成控制模式的受控或自动切换,以及不同模式下控制律的实时解算,并向飞行控制系统执行机构输出相应的控制指令,以控制飞行器完成飞行动作。

虽然目前在役飞行的民机大部分具备执行自动工作模式功能,但不同公司设计不同型号的民机,对其工作模式在设计阶段会有各自的考量和取向,局方在适航审定和颁证角度上并没有统一的要求,这需要根据前期飞机系统设计,如CCV理念,研制总体指标要求、目标、功能定义来决定。但总的来讲,常规飞机自动飞行控制系统工作模式设计,按照飞行轴向可以大致分为三类,即垂直模式、水平模式和多轴向模式。对于民机而言,无论是支线、干线飞机,空客、波音还是其他航空公司,其基本工作模式大致包含航向保持、高度保持、俯仰保持、滚转保持和航线保持等。

一般来说自动飞行控制系统所涉及的控制模式,大致都如图6-5所示。

6.3.2 典型模式功能

1)航向或航迹保持:顾名思义,飞机持续保持飞机应飞的航向或航迹。

2)航迹选择:在该模式下,飞机系统在保持乘坐舒适性的基础上,不断快速地获得并保持选择的航向和航迹。

3)航向选择:飞行员选择航向模式后,自动飞行控制系统将产生一个横滚的指令捕获和跟随设定的航向。

4)横向导航模式:该模式提供航路导航和非精确进场横向导引的获取和追踪指令,使得飞机沿所选定导航源提供的横向方位进行飞行。

5)航迹角保持模式:该模式是飞行航迹角模式中的一种基本垂直模式,飞机平稳达到并维持所选择的航迹角。

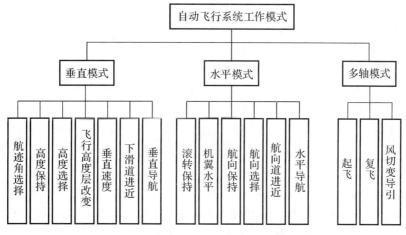

图 6 - 5　自动飞行控制系统工作模式分类

6)俯仰保持模式:自动飞行控制系统将产生所需的导引指令,将飞机保持在某一固定俯仰角。

7)垂直速度模式:系统将产生所需的指令信号,使得飞机保持参考垂直速度。

8)高度层(Flight Level,FL)改变:系统根据所获得的和需跟踪的指示空速或者马赫数参考空速,产生控制指令,使得飞机通过爬升或者下降高度达到所预选的高度层。

9)高度保持模式:在激活条件下,或者飞行发出指令情况下,系统读取所设定的高度值,通过不断地获取当前高度信息,以产生导引指令,保持所设定的飞行高度。

10)高度截获模式:当飞机接近系统所选择(预选高度)的高度窗口区(即到达设定的高度差)时,系统自动获取并产生纵向导引指令,使飞机平滑到达目标高度,并持续保障飞机保持该目标高度。

11)进近模式:在横侧向上,系统提供精确和非精确两种进场的导引追踪指令,以使飞机对准降落跑道中心线;在纵向上,系统给出精确的期望下滑道跟踪指令。

12)起飞模式:在横侧向上,系统提供航向控制指令,以导引飞机保持参考的航向;在纵向上,系统提供起飞俯仰控制指令,以导引飞机完成起飞动作。

13)复飞模式:在横侧向上,系统提供航向控制指令,以导引飞机保持参考航向;在纵向上,为飞行员在选择复飞后提供导引指令。

6.3.3　模式设计标准

民机作为民用类航空器,其研制和验证工作需要满足所在国适航当局颁布的适航审定标准。本部分所涉及的自动飞行控制系统工作模式也不例外,需要遵循一系列适航条款及相关的工业标准。中国民航局 CCAR - 25 部(运输类飞机适航审定标准)中第 1329 条飞机导引系统,对运输类飞机的导引和控制过程,给出了详尽的适航要求,其中与工作模式有关联的适航要求如下:

(a)必须给每个驾驶员提供具有快速切断自动驾驶仪和自动推力功能的操纵器件。自动驾驶仪快速切断操纵器件必须装在两个操纵盘(或其等效装置)上。自动推力快速切断操纵器件必须装在推力操纵杆上。当驾驶员在操作操纵盘(或其等效装置)和推力操纵杆时,必须易于接近快速断开操纵器件。

(b)对驾驶员人工断开自动驾驶仪或自动推力功能的系统,其失效影响必须按照第25.1309条的要求进行评估。

(c)飞行导引系统、模式、或传感器的衔接或转换导致的飞机航迹瞬变,都不得大于本条(n)(1)中规定的微小瞬变。(本条对飞行导引系统的衔接或转换导致的飞机航迹瞬变做出了规定)

(d)在正常条件下,飞行导引系统的任何自动控制功能的切断导致的飞机航迹瞬变,都不得大于微小瞬变。(本条对正常条件下,飞行导引系统任何自动控制功能的切断导致的飞机航迹瞬变做出了规定)

(e)在罕见的正常和不正常条件下,飞行导引系统的任何自动控制功能的切断导致的瞬变都不得大于本条(n)(2)中规定的重大瞬变。(本条对罕见的正常和不正常条件下,飞行导引系统任何自动控制功能的切断导致的瞬变做出了规定)

(f)如有必要,为了防止不适当使用或混淆,每一个指令基准控制器件的功能和运动方向,如航向选择或垂直速度,必须清楚地标示在每一控制器件上或其附近。(本条对控制器件的方向标识提出了要求,要求姿态控制器件的运动平面必须与飞机的运动效果一致)

(g)在适于使用飞行导引系统的任何飞行条件下,飞行导引系统不会对飞机产生危险的载荷,也不会产生危险的飞行航迹偏离。这一要求适用于无故障运行和故障情况,前提是假设驾驶员在一段合理的时间内开始采取纠正措施。(本条提出在有无故障的条件下,飞行导引系统对航迹的影响限制的要求。"危险的载荷":超出结构限制或超出2g的载荷包线,或超过VFC或MFC的速度的任何情况。"危险的航迹偏离":故障发生后机组发现故障并采取纠正动作再加上改出时间的相应滚转角度在航路上为超过60度;1 000英尺(305米)高度以下为超过30度。"合理的时间":从飞行导引系统发生故障,到驾驶员发现故障并采取纠正动作这一过程需要的反应时间)

(h)当使用飞行导引系统时,必须提供措施以避免超出正常飞行包线速度范围可接受的裕度。如果飞机飞行速度偏移超出这个范围,必须提供措施防止飞行导引系统导引或控制导致不安全的速度。(本条对速度保护提出了要求)

(i)飞行导引系统的功能、操纵器件、指示和警告必须被设计成使飞行机组对于飞行导引系统的工作和特性产生的错误和混淆最小。必须提供措施指示当前的工作模式,包括任何预位模式、转换和复原。选择器电门的位置不能作为一种可接受的指示方式。操纵器件和指示必须合理和统一地进行分类组合和排列。在任何预期的照明条件下,指示都必须能够被每个驾驶员看见。(本条对指示和警告提出了要求。工作状态指示装置应确保不会造成选择错误和指示不明确,并及时向驾驶员正确指示其飞行的即时工作状态,以提高飞行安全性能。"选择器电门的位置":由于选择器电门可能会发生错位、接触不良等不正常工作情况,所以本条要求,选择器电门的位置不可以用来作为飞行导引系统工作状态的指示方式)

(j)自动驾驶仪断开后,必须及时地给每一驾驶员提供与驾驶舱其他警告截然不同的警告(视觉和听觉的)。

(k)自动推力功能断开后,必须给每一驾驶员提供戒备指示。

(l)当飞行机组对飞行操纵器件施加超控力时,自动驾驶仪不得产生潜在的危险。

(m)在自动推力工作期间,飞行机组必须不用过大的力气就能移动推力杆。在飞行机组对推力杆施加超控力时,自动推力不得产生潜在的危险。

(n)对于本条,瞬变指对控制或飞行航迹的一种干扰,这种干扰与飞行机组输入的响应或环境条件不一致。

(1)微小瞬变不会严重减小安全裕度,且飞行机组的行为能力还很好。微小瞬变会导致轻微增加飞行机组的工作负担或对旅客和客舱机组带来某些身体的不适。

(2)重大瞬变会引起安全裕度严重减小、飞行机组工作负担增加、飞行机组不适,或旅客和客舱机组身体伤害,可能还包括非致命的受伤。为了保持或恢复到正常飞行包线内,严重瞬变不要求:

(i)特殊的驾驶技巧,机敏或体力:

(ii)超过第 25.143 条要求的驾驶员力量:

(iii)会对有保护或无保护的乘员产生进一步危害的飞机的加速度或姿态。

咨询通告 AC25.1329 作为对 25.1329 条款符合性的建议设计准则,提出了针对飞行模式的具体的设计要求建议,包含对于工作模式的切换、告警和显示提出了设计建议。其中,第六章对各工作模式的特点进行了解释,阐明了这些模式的操作意图,以及在当前操作中可以接受的标准。对于开展模式切换逻辑的设计提供了参考。

美国机动车工程师协会(Society of Automotive Engineers,SAE)也发布了 ARP5366,用于自动驾驶、飞行指引、自动油门的行业设计规范。

思　考　题

(1)试着阐述一下民用飞机自动飞行控制系统的发展历程。

(2)民用飞机自动飞行控制系统通常由哪几部分构成?

(3)讲几个你所知道的自动飞行控制系统的工作模式。

第7章　自动驾驶仪系统

7.1　自动驾驶仪发展历史

1912年,美国的斯派雷[7](Sperry)公司研制了第一台驾驶仪——电动陀螺稳定装置,开创了自动飞行控制的先河,该装置由两个双自由度陀螺、磁离合器以及空气涡轮驱动的执行机构组成。

在第二次世界大战(简称"二战")中,美国采用电动陀螺、电动舵机及电子管放大器这类敏感元件造出电气式C-1驾驶仪。二战后,驾驶仪使用与其他部件耦合的形式来控制航迹,既能稳定飞机,又能全面地进行飞行控制,直至全自动盲降着陆。

20世纪50年代,驾驶仪运用角速率信号的概念研制出新型的阻尼器(也称之为增稳系统),进一步改善了飞机的可靠性。自此自动驾驶仪逐步形成了飞行自动控制系统。

50年代后期,新出现了应用于运输机和轰炸机的自适应性自动驾驶仪。该系统实现了可根据飞行器特性的变化而自动改变自身的参数和结构的功能。

60年代后期,阿波罗飞船采用了数字自动驾驶系统。自动驾驶系统,可根据能量供给类型、使用方法、控制算法等分类。其典型产品如美国的PB-20D。

20世纪80年代后,飞行控制系统由模拟系统逐步转变为数字系统,采用主动控制技术(Active Control Technology,ACT)的电传飞行控制系统(Fly By Wire System,FBWS)也进入了使用阶段。20世纪90年代验证了"先进数字/光学控制系统""飞行/推进/火力综合控制系统""先进座舱管理系统"等多项主控技术。这样促使新一代数字式多余度飞行控制系统应运而生,例如:F-16C/D、X-29A、F-18、V-22飞机均应用了此类系统。

目前,飞行器飞控系统的功能提升,系统交联日趋复杂,与航电系统、机电系统、武器系统结合紧密,促使自动驾驶仪系统朝着数字化、综合化、智能化方向不断发展。先进的座舱显示系统代替了过去落后的仪表显示系统,可以直观地显示飞机的各类姿态信息和航迹信息。例如,美国第四代战斗机的代表F-35战斗机,它的显示系统全部由数字显示器组成,其位于驾驶舱的前面板,包含14个可配置的信息显示屏幕,并可以通过触摸,快速打开多个Windows界面显示飞机状态。

我国飞行控制系统的发展也经历了从常规机械操纵,到驾驶仪增稳与控制增稳、自动着陆、带机械备份的电传控制与不带机械备份的全时权限数字电传系统的研发过程。新中国成立后,我国首先将AⅡ-5驾驶仪应用在轰炸机上,之后在1966年又自行研制了轰5飞机上使用的KJ-3系列驾驶仪(621自动驾驶仪),并在直升机和战斗机上研发、使用了功能更多、结构更好的自动驾驶仪(飞行控制系统)。现在各种新型的自动驾驶仪系统在新型飞机上陆续投入使用,不仅提高了飞机飞行控制的自动化水平,而且也对航空技术测试、维护、保障人员提出了更高要求。

7.2　自动驾驶仪概述

自动驾驶仪作为重要的机载设备之一,担负着减轻驾驶员工作强度的任务。除了具备基本的平飞、上升及下降功能外,现代自动驾驶仪[8]还具备 GPS 导航、路径规划、实时航图显示等一系列现代化功能,而这些功能需要依托于某些机载设备,如果缺少相应设备,驾驶仪将无法完成某项功能甚至无法工作。

7.2.1　自动驾驶仪的基本功能

自动驾驶仪系统[9]是用于稳定飞机沿三轴的角运动、稳定飞行高度、实现升降舵调整片自动配平和提供飞行指引指令系统。

自动驾驶仪计算机是某型自动驾驶仪的核心部件,它完成自动驾驶仪的主要功能以及飞行指引功能。其基本功能为实现对自动驾驶仪所有控制功能的计算和系统管理,其中包括:

1)系统调度管理。

2)系统余度管理。

3)任务状态的管理。

4)控制律计算。

5)BIT 功能及在线监控等功能。

6)飞行控制功能:包括计算机系统调度与管理、控制律计算及自动调参、BIT 功能、故障监控、故障报警和故障记录功能。

7)飞行指引功能:根据导航信息,对飞机姿态、航向、航迹进行计算,输出飞行指引指令。

自动驾驶仪计算机的特点如下:

1)采用双通道互比交叉表决系统,由硬件结构相同的双通道数字计算机组成,对信号输入、控制律计算和控制输出进行交叉表决。

2)具备故障安全、故障告警以及在一定故障模式下的降级工作的能力。

3)计算机在保证实时可靠地执行飞行控制任务的同时,其空中 BIT 设计具有较高的覆盖率。

4)数字双余度计算机有较高的可靠性、良好的抗干扰能力和可扩展性,且便于升级换代。

7.2.2　自动驾驶仪的基本组成

自动驾驶仪需要完成的功能决定其组成部分,每个部件之间分工明确,共同组成性能完善、安全可靠的驾驶仪系统。

自动驾驶仪基本组成部分[7]有:飞行控制计算机、控制显示单元、航姿参考系统、大气数据计算机、舵机、构型模块、半自动驾驶开关、紧急断开开关。

1)飞行控制计算机(Flight Control Computer,FCC)是自动驾驶仪最重要的部件之一,主要负责自动驾驶仪相关设备的初始化,接收并计算各反馈数据,控制律的计算,飞行模式的切换,及自检等任务。FCC 安装在自动驾驶仪壳体中,控制或显示器也同样安装在壳体上。

2)控制显示单元(Control and Display Unit,CDU)是自动驾驶仪人机交互部件,控制显示单元上安装有控制驾驶仪的按钮和旋钮,是自动驾驶仪控制指令数据的唯一来源;CDU 能显示驾驶仪的飞行状态及飞行数据,是驾驶员获取自动驾驶仪状态的唯一来源。本书将飞行控制计算机与控制显示单元作为整体表述为 FCC/CDU。

3)航姿参考系统(Attitude and Heading Reference System,AHRS):向自动驾驶仪提供磁航向、俯仰角、滚转角和侧向加速度,并通过 RS232 发送给飞行控制计算机/CDU;陀螺的数据发送方式为请求式,当飞行控制计算机给 AHRS 一个指令后,AHRS 自动更新最新数据并发送。

4)大气数据计算机(Air Data Computer,ADC):向自动驾驶仪提供气压高度、垂直速度和动压以及 GPS 导航指令,并通过 RS232 向飞行控制计算机/控制面板传送,接收来自 FCC/CDU 的气压测量基准;大气数据传感器的数据发送方式为请求式发送,当飞行控制计算机向大气数据传感器发送指令后,大气数据传感器自动更新当前数据并发送。

5)舵机:控制并带动副翼、方向舵及升降舵的偏转,电动舵机通过钢索与舵面连接,通过框架式电磁离合器来控制机械连接,保障舵机控制的安全性;舵机的驱动方式有模拟电压驱动和 RS232 驱动,本驾驶仪采用模拟电压驱动舵机;舵机的反馈电流使用 RS232 获取,FCC 发送指令后舵机自动反馈当前电流大小。

6)构型模块(Configuration Module,CM):构型模块为可读写 Flash 存储芯片,内写有自动驾驶仪初始化数据,包括自动驾驶仪产品序列号,飞机型号,控制律参数;为防止飞行控制计算机/控制面板与机型不匹配,在 FCC 启动后需要对构型模块中包含的机型参数进行比对,只有匹配成功才能启动驾驶仪。

7)半自动驾驶开关(Command With Steering,CWS):按压此开关并保持,自动驾驶仪舵机的离合器断开,飞机可改由驾驶员通过驾驶盘来操纵;当释放此开关时,飞机则改由自动驾驶仪控制,并处在缺省或默认控制状态。CWS 开关使驾驶员能够随时调整飞机的姿态,并且调整完成后保持当前的状态;同时,驾驶员获得一种在不断开驾驶仪的情况下能够操纵飞机的方式。

8)紧急断开开关(Emergency Disconnect Switch,EDS):按压此开关后,无论自动驾驶仪处在何种状态,都无条件终止工作或断开,并脱离与操纵系统的机械连接,将驾驶权限归还于驾驶员。在驾驶仪运行发生错误时,按下 EDS 切断驾驶仪。

自动驾驶仪系统各部件之间有着严格的分工与密切的联系,部件安全、稳定地工作才能保障自动驾驶仪系统的稳定、高效性。由于机载电源提供 28 V 固定直流电压,各部件的电源统一使用机载电源。同时,自动驾驶仪系统将共用同一个电源模块,这样具有如下优点:

1)简化系统,降低设备的体积与质量,节约成本;

2)避免多个电源模块引入干扰,提高系统稳定性;

3)统一电源方便管理各设备功率,提高系统设计效率;

自动驾驶仪的核心是飞行控制计算机/控制显示单元,通过姿态陀螺提供的飞机姿态角以及大气数据/GPS 传感器提供的垂直速度和高度以及位置数据,并根据驾驶员所选择的控制模式对飞机进行自动飞行控制。在系统结构图中,将自动驾驶仪的飞行控制计算机与自动驾驶仪显示模块作为一个整体,参与到自动驾驶仪系统中。

7.2.3　自动驾驶仪的工作原理

自动驾驶仪整机的设计目标要求其在空中工作时[9]，如果发生故障也可确保飞行任务安全，即自动驾驶仪的双通道发生不可识别的永久故障时，自动驾驶仪整机将切断输出，告警，并退出对飞机的控制。

自动驾驶仪整机在确保飞行任务安全的前提下，提高有效工作时间的方法包括：自动驾驶仪整机内定位故障后重构资源。惯导、大气机等设备双套与自动驾驶仪整机交联，当某类设备单套故障时，启用另一套设备作为信号输入源。自动驾驶仪整机还监控伺服回路和自动驾驶仪自身的运行情况，通过数据交叉传输链路将信息与另一通道互传，至此每个通道均得到另一通道的信息，两通道再进行输入信号和数据的表决监控，对表决值经控制律（Control Law）计算后的结果再进行双通道的交叉传输，然后对通道输出的控制信号进行表决，最后将表决值输出给伺服放大器。自动驾驶仪控制工作流程如图 7-1 所示。

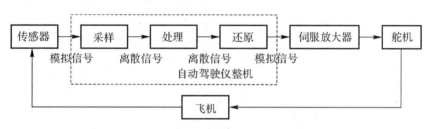

图 7-1　自动驾驶仪控制工作流程

7.3　自动驾驶仪系统功能与性能

自动驾驶仪的功能大致可以分成两部分：自检及初始化功能和自动飞行控制功能。以下详细介绍各功能的具体定义及性能。

7.3.1　自动驾驶仪的自检及初始化功能

自动驾驶仪系统上电后并确认 EDS 开关时，自动驾驶仪进入自检及初始化操作。自动驾驶仪在自检过程中出现自检错误或初始化过程失败时，驾驶仪显示相应的界面提示驾驶员自检及初始化未完成，排除错误信息后重启设备。当自检及初始化完成后，进入驾驶仪准备状态，等待 AP 按钮按下启动驾驶仪。此过程主要完成的功能如下：

1）驾驶仪加载程序，同时进行计算机自检；对计算机接口、内存、按钮、显示和 CPU 等进行检查，若自检错误则在控制面板中显示错误信息。

2）检查并核对系统序列号的一致性和有效性；读取 CM 模块中系统序列号与驾驶仪序列号，检查是否有效且一致；如果不一致将在飞控面板中显示 CM 序列与驾驶仪序列号，同时提示错误信息；只有两者的序列号一致时才能进行后续的操作。

3）检查陀螺、舵机及 ADC/GPS 的有效性；飞控计算机分别向陀螺、舵机和 ADC/GPS 发送指令，请求发送反馈数据。如果数据接收正常，则设备有效；否则，判定设备无效并在控制面板中显示无效的设备名称。等待驾驶员排除故障后重启设备且检查通过后方能启动驾驶仪。

若上述自检及初始化均通过,控制面板显示初始化已成功信息,等待驾驶员按下 AP 按钮启动自动驾驶仪,并进入驾驶仪下一个工作状态"自动飞行控制状态"。

7.3.2 自动驾驶仪飞行控制功能

自动驾驶仪飞行控制功能[9]主要完成控制飞机的飞行姿态及航迹的任务,驾驶员通过飞行控制计算机/控制面板的按钮,选择不同的控制模式来实现不同模式下飞机的自动飞行控制。自动飞行控制模式又分为纵向飞行控制模式和横侧向飞行控制模式,其功能定义及性能要求见表 7-1,表中模式名称与控制面板上显示的按钮名称相同。

表 7-1 飞行模式及功能定义

模式名称		功能定义
纵向飞行控制模式	VS	"垂直速度保持"模式,当自动驾驶仪正常接通或释放 CWS 后或按下 VS 按钮后,自动驾驶仪对当前的垂直速度进行保持控制飞行
	ALT	"高度保持"模式,当按下 ALT 按钮后,自动驾驶仪保持当前的高度进行自动飞行
	PALT	"预选高度"模式,当 PALT 按下后,通过选择想要飞行的高度和爬升或下降的垂直速度后,飞机将按设定的垂直速度自动跟踪所选择的高度
横侧向飞行控制模式	HDG	"航向保持"或"预选航向"模式,该模式兼有航向保持和预选航向控制两个模式,当自动驾驶仪正常接通或释放 CWS 后或按下 HDG 按钮后,自动驾驶仪对当前的磁航向进行保持控制
	GPS	"GPS 导引控制"模式,该模式是按所建立的计划航线(按起点和终点所定义,自动驾驶仪启动前需要设定航线的起点与终点 GPS 坐标)自动引导飞机沿着该计划航线飞行

思 考 题

(1)讲讲你所了解的自动驾驶仪发展历史。

(2)自动驾驶仪基本功能包括哪些?

(3)自动驾驶仪一般由哪几部分组成?

(4)从控制角度讲,自动驾驶仪的工作机制是怎样的?

第8章 飞行指引系统

8.1 飞行指引仪概述

飞行指引仪[10-11]根据选定的工作方式,自动计算操纵指令,指引飞行员操作飞机,使飞机进入给定轨迹并保持在指定轨迹上。

飞行指引仪在飞机起飞、爬升、巡航、下降、进近和复飞的整个飞行阶段进行使用。指引仪表一般包含水平状态指引、飞机姿态指引和仪表着陆指引。以飞机姿态指引为例,一般分为十字型指引针和八字指引针,十字指引针如图8-1和图8-2所示,八字指引指如图8-3和图8-4所示。

倾斜指引杆

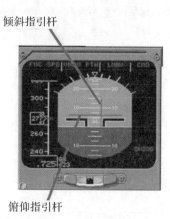

俯仰指引杆

图8-1 十字指引针

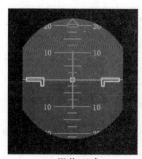 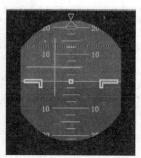 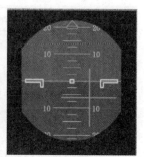

操作正确　　　　　　　向上向左修正　　　　　　向下向右修正

图8-2 十字指引针操作提示

俯仰、倾斜指引杆

图 8 - 3　八字指引针

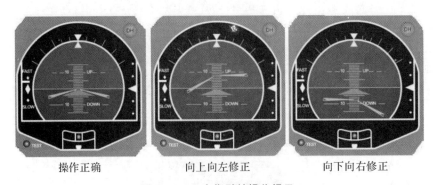

操作正确　　　　　　　向上向左修正　　　　　　向下向右修正

图 8 - 4　八字指引针操作提示

8.2　飞行指引仪的组成

以飞机姿态指引仪为例,飞机飞行指引仪由飞行指引计算机、飞行指引方式选择板、动态通告牌、飞行指引指示器和输入装置组成,具体如图 8-5 所示。

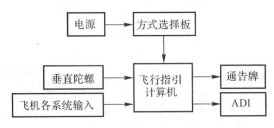

图 8 - 5　飞行指引仪系统组成

(1)姿态指引指示器

姿态指引指示器是飞机姿态指示与姿态指引的综合指示器,为了便于飞行员观察飞机上其他设备的指示,指示器内一般也会综合其他信息,例如无线电高度指示、仪表着陆系统指示等。常见姿态指引指示器有机电式和电子式两种。如图 8-1~图 8-4 所示,飞机姿态来自垂直陀螺或者惯性基准系统,其指引针由飞机姿态指引计算机输出驱动。

（2）飞行指引计算机

飞行指引计算机（Flight Director Computer，FDC）是飞行姿态指引仪的核心部件，它为飞行姿态指引仪提供飞机的俯仰和横侧指令、故障旗收放指令和飞行指引通告指示。在有的民航飞机上，飞行指引计算机是单独设备，而有的民航飞机上它与自动驾驶仪计算机合为一体，统称飞行控制计算机。

（3）飞行指引方式控制板

飞行指引方式控制板用于飞行员接通/切断飞行指引系统以及选择飞行指引方式。不同型号飞机飞行指引系统，其控制板存在一定差异。波音 737 － 200 飞机飞行指引方式控制板如图 8 － 6 所示。

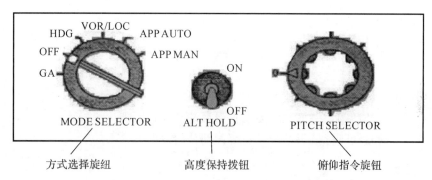

图 8 － 6　波音 737 － 200 飞机飞行指引方式控制板

8.3　飞机姿态指引系统工作原理

飞行指引系统[10-11]的核心是飞行指引计算机，其作用在于将飞机的实际飞行轨迹和预选路线进行比较，计算出应飞姿态角；再与实际飞行姿态角进行比较，将其差值输入指令杆伺服系统，使得指令杆偏离地平仪小飞机，指示出俯仰和倾斜指引指令的大小和方向。

飞行指引计算机中，用来计算倾斜指引指令的部分称为横滚计算机；用来计算俯仰指引指令的计算机称为俯仰指令计算机。两个计算机的输入信号分别来自横向和纵向导航设备、人工控制指令和垂直陀螺系统，上述两个通道也称为横滚通道和俯仰通道。俯仰指引计算机工作原理如图 8 － 7 所示。

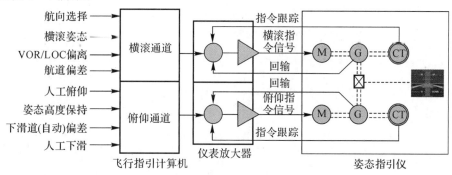

图 8 － 7　俯仰指引计算机工作原理

8.4 自动飞行指引系统

由于自动驾驶仪和飞行指引仪的操作原理类似,因此在现代民机上一般将上述两种系统综合到一起,并共享一些处理功能,组成了自动飞行指引系统(Auto Pilot Flight Director System,AFDS)。

在有的民机上,AFDS包含一个单独的飞行指引计算机,它除了向飞行姿态指引指示器上的指引针提供指令信号外,还将同样的指令信号送给自动驾驶计算机,经过转换后送给伺服机构控制飞机舵面。在有的民机上,自动驾驶仪的计算机和飞行指引仪的计算机合为一体,称之为飞行控制计算机(FCC)。

思 考 题

(1)飞行指引仪由哪些部分组成?
(2)试着用自己的话阐述一下飞机姿态指引系统的工作原理。
(3)现代民机的自动飞行指引系统是由哪两部分构成的?

第9章 自动油门系统

9.1 自动油门系统概述

自动油门[12](A/T)计算机使用来自飞机传感器的数据来计算发动机的推力。自动油门系统经由自动飞行控制系统的模式控制板和驾驶舱中的电门响应飞行员请求的方式或响应飞管计算机请求的方式控制发动机的推力。自动油门系统如图 9-1 所示。

自动油门系统和其他系统的交联关系如图 9-2 所示。

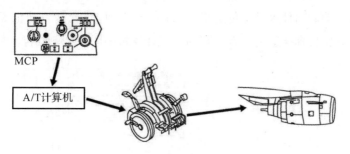

图 9-1 自动油门系统

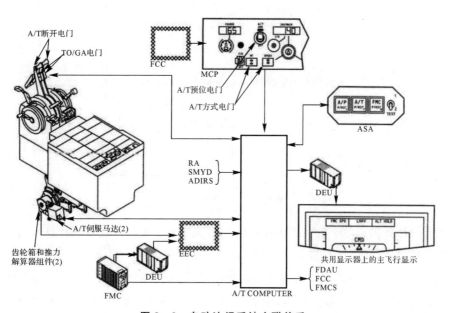

图 9-2 自动油门系统交联关系

自动油门系统从飞机系统、传感器和驾驶舱电门接收输入信号来计算和控制发动机推力。自动油门的工作方式选择可以通过自动飞行控制系统（DFCS）的模式控制板（MCP）人工方式选择，也可以由 DFCS 自动选择，以及从油门杆的 TO/GA 电门人工选择。根据所选择的方式和 DFCS 工作方式不同，自动油门系统可被衔接于 N1 方式或速度方式。A/T 的工作方式显示在共用显示器系统的飞行方式通告器（Flight Mode Annunciator，FMA）上。

自动油门系统从起飞到落地之间全程工作，从系统归属角度看，自动油门系统是飞行管理系统的一部分。

9.2 自动油门系统组成

自动油门系统一般由：自动油门计算机，自动油门伺服马达，自动油门衔接、断开开关，自动油门方式选择开关组成。

（1）自动油门计算机

自动油门计算机是自动油门系统的核心部件，它为发动机推力的自动控制进行计算。自动油门计算机向自动油门伺服马达传送指令以移动油门杆，以保证发动机提供规定的推力或调节推力使飞机处在目标空速上飞行。自动油门计算机如图 9-3 所示。

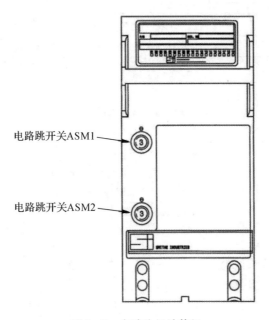

电路跳开关ASM1

电路跳开关ASM2

图 9-3 自动油门计算机

自动油门计算机是一个数字式的计算机。它从许多系统获取输入来计算油门杆指令。自动油门计算机包括：直接存储器存取（Direct Memory Access，DMA）、中央处理单元（Central Processing Unit，CPU）、只读存储器（Read Only Memory，ROM）、供电源。自动油门计算机内部模块构成如图 9-4 所示。其中，DMA 系统又包含输入/输出（I/O）设备、控制器、随机存取存储器(RAM)。I/O 设备接收 ARINC 429 和模拟离散数据,在转换后,该数据送到 DMA 控制器;DMA 系统也从 CPU 接收数字数据。DMA 控制器控制所有来往于 A/T 计算机的数据。

中央处理单元(CPU)完成:确定何时 A/T 衔接和断开,确定工作方式,计算油门杆指令,监视系统的工作。CPU 监视并确定控制律数据是否满足要求。如果满足,CPU 允许 A/T 衔接。当衔接后,CPU 传送一个信号以保持自动油门预位伺服马达;如果不满足,逻辑将断开 A/T 系统。CPU 向自动飞行状态通告器传送一个信号以给出通告。CPU 允许不同的自动油门方式的选择。DFCS 系统通常在不同的飞行阶段选择方式,也可以用 MCP 人工地选择工作方式。CPU 使用自动油门控制律来计算自动油门指令。控制律给出所期望的指令并将该指令与实际飞机的状态相比较,比较中的差值将产生一个用于 ASM 的油门杆速率指令。

ROM 存储计算机的操作程序。CPU 在其工作期间获得这些指令。存储器还有一个非易失性维护存储器,用于维护存储器存储 BTTE 结果。

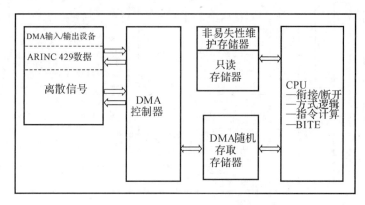

图 9-4　自动油门计算机内部模块构成

(2)自动油门伺服马达

自动油门伺服马达(Auto-throttle Servo Motor,ASM)从自动油门计算机接收指令。ASM 使用这些指令通过两个分开的齿轮箱组件分别向前或后移动油门杆。每个油门杆有其自己的伺服马达和齿轮箱。

ASM 包括:控制组件、数字接收器、数字发送器、马达和电源。自动油门计算机向 ASM 发送推力速率指令。ASM 使用该速率指令来控制直流马达的旋转。ASM 将输出轴连接到一个齿轮箱并将速率反馈送到自动油门计算机。

(3)自动油门衔接、断开开关

系统采用方式控制面板(MCP)上电门和油门杆,来衔接或断开自动油门的方式,如图 9-5 所示。

(4)自动油门方式选择开关

自动油门计算机从不同的系统和传感器接收数字和模拟数据以确定其工作方式。这些数据经输入设备进入自动油门计算机。其主要工作方式包括:N1 方式、油门保持方式、预位方

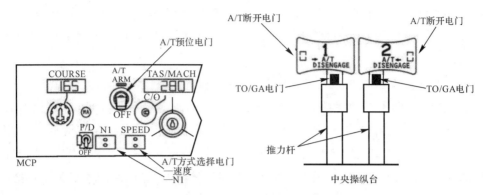

图 9-5 预位、方式选择和推力杆电门

式、速度方式、回收油门方式、复飞方式。方式选择原理如图 9-6 所示。

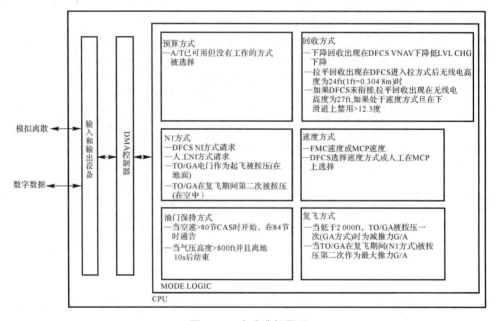

图 9-6 方式选择原理

9.3 自动油门工作原理

自动油门系统[12]通过控制飞机发动机推力来间接控制飞机速度。在正常飞行时,它可以代替飞行员来控制飞机油门杆,从而极大降低飞行员的劳动强度,实现长时间飞行。

油门控制指令的来源可以是飞行员或油门计算机。传统的油门操纵系统是由飞行员通过操纵油门杆来控制发动机工作的开环控制系统。现代飞机将相关控制量进行反馈,由计算机按一定算法生成油门指令,对发动机油门进行闭环控制,称该系统为自动油门控制系统。自动油门控制系统要保留飞行员对发动机油门进行手动操纵的能力,保证飞行员对发动机油门具有最高的控制权限。一种自动油门控制的方法是在飞机油门操纵系统中增加油门伺服装置,将油门计算机的指令转换成机械位移,再通过机械传动机构传递到发动机油门。即在保留机械操纵系统的基础上,在发动机端增加油门伺服装置以实现自动控制功能。此方案是美 F - 14 飞机的油门的控制方案,其控制原理如图 9 - 7 所示。

随着发动机综合电子控制器的出现,自动油门的控制也出现了电子控制方式,使得自动油门控制系统的组成更加简化,只要有油门控制计算机和全权限数字电子控制设备(Full Authority Digital Engine Control,FADEC)就可实现自动油门控制功能。该方式采用数字电传技术,对发动机进行全电调控制,大大提高了系统控制性能。美国的 F/A - 18A 飞机就采用数字电传技术,其控制原理如图 9 - 8 所示。

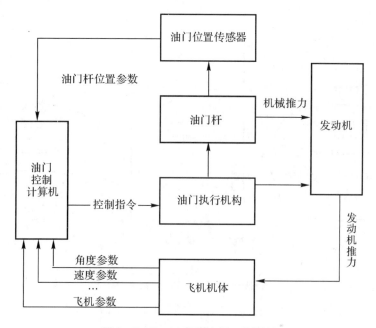

图 9 - 7　F - 14 自动油门工作原理

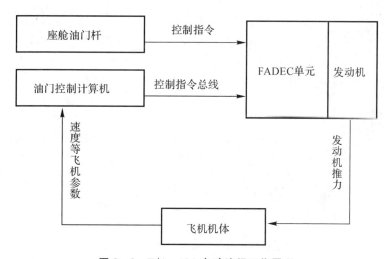

图 9 - 8　F/A - 18A 自动油门工作原理

自动油门系统主要与数字飞行控制系统、飞行管理计算机系统一起控制发动机推力。自动油门系统与惯性基准系统、传感器以及其他部分系统的部件间也有联系。自动油门操作接口与自动油门通过方式控制板相连接。自动油门的信息由通用显示系统显示。

如图9-9所示,自动油门系统是由自动油门伺服控制器、自动油门伺服电机、自动油门相关开关和一些相关指示器组成的。自动油门伺服控制器接收来自传感器和发动机控制组件的数字信息和开关量信号、驾驶舱命令以及开关位置的输入信号,经指令计算后,把指令发送到自动油门的伺服电机,最后通过机械装置控制油门杆的位置,达到使飞机保持一定推力或者以一定的速度飞行的目的。典型的自动油门控制系统如波音737系列的自动油门系统,其组成如图9-10所示。

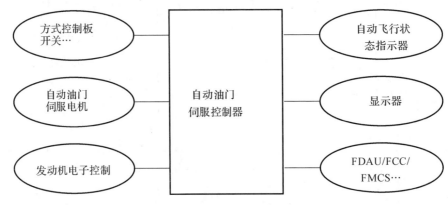

图 9-9　自动油门组成

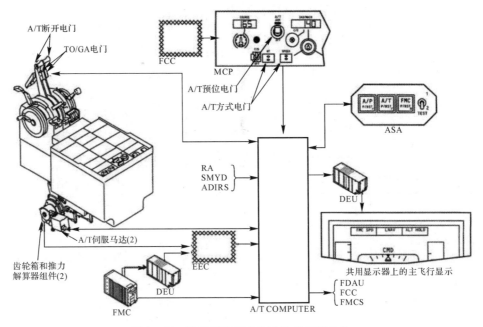

图 9-10　波音 737 系列自动油门系统组成

　　自动油门系统伺服控制器主要完成系统的信号与指令的接收和发送，以及对发动机转速自动控制的计算，因此系统的伺服控制器是自动油门系统的核心，也是本课题的主要研究和论述的对象。伺服控制器系统的可靠性与安全性是保障飞行安全的一个重要因素，及时检测和隔离影响系统正常运行的故障成为本系统伺服系统控制器研究的重要任务。

思　考　题

（1）自动油门系统的定义是什么？
（2）自动油门系统一般由哪些部分构成？
（3）画图解释一下自动油门的工作机制。

第10章 配平系统

在飞机飞行过程中,随着空速、重心和构型等的变化,飞机气动力和力矩也会发生变化,需要配平系统来补偿。飞机配平系统能够有效降低驾驶员负担、改善飞行操纵品质,并与飞机的安全性息息相关,是一种非常重要的机载装置。所谓配平是指对操纵系统线系中的额外力进行调整的动作。

CCAR-25部对民用飞机的纵向配平要求为:飞机在最大连续功率(推力)爬升或无动力下滑过程中,无论襟翼处于收起还是放下位置,或飞机进行平飞加减速时,都要能维持纵向配平。

10.1 配平系统基本原理

在最初的飞机上,操纵系统是简单的机械操纵系统,即钢索的软式操纵或拉杆的硬式操纵。驾驶杆及脚蹬的运动经过钢索或拉杆的传递直接拖动舵面运动[13]。驾驶员在操纵过程中,必须克服舵面上所承受的气动力,并依据这种感觉来操纵飞机。为了使飞机维持在操纵更改后的气动状态,需要将飞机的操纵舵面固定到一个位置,在这个位置上时,飞机处于一个气动平衡状态。配平系统的功能是在飞机的气动平衡状态设定舵面的锚定点,代替驾驶员来实现舵面的固定,减小或消除操纵系统上的力,从而有效降低驾驶员的负担。

以纵向为例,飞机纵向平衡状态是指作用于飞机的各俯仰力矩之和为零。俯仰力矩主要包括机翼和水平安定面产生的俯仰力矩,如图10-1所示。机翼产生的俯仰力矩受空速、重心、迎角和构型的影响,一般情况下机翼产生低头力矩。平尾或者水平安定面的俯仰力矩取决于空速、机翼迎角、升降舵偏角和当地气流下洗角,常规飞机水平尾翼采用负安装角,产生负升力,提供抬头力矩。当飞机采用放宽静稳定设计时,机翼提供抬头力矩,为平衡机翼的抬头力矩,水平安定面为正安装角。

对于采用机械连接控制俯仰操纵面的传统飞机,纵向静稳定意味着为了获得小于配平速度的速度需用拉杆,为了获得大于配平速度的速度需用推杆。当松除操纵时,会恢复到初始配平速度。

为保持舵偏角,飞行员必须在操纵杆上施加力以克服升降舵铰链力矩。空速和舵面偏角越大,施加的杆力则越大。为减轻驾驶员负担,满足不同速度包线下的操纵要求,具有助力操纵系统的飞机多采用俯仰配平调整片机构来平衡或抵消部分铰链力矩,如图10-2所示。

调整片附于升降舵后缘,由于距离舵面铰链较远,适当使调整片相对于舵面反向偏转,可以有效减小舵面的铰链力矩。同时,调整片面积很小,对舵面的升力影响可忽略。因此,调整片在保持平尾升力不变的前提下,通过偏转配平调整片使舵面铰链力矩为零。

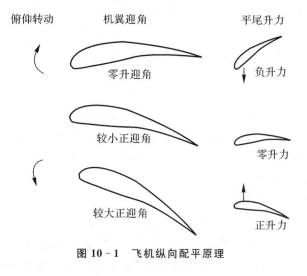

图 10-1　飞机纵向配平原理

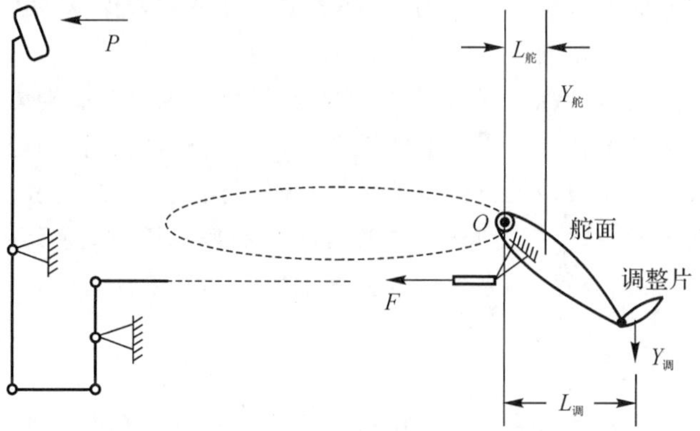

图 10-2　传统机械传动飞机纵向操纵原理

　　民用飞机的配平系统通常主要有 4 种方式,除人工配平外,还有马赫数配平、速度配平和自动配平。人工配平由驾驶员通过配平手轮等装置手动操纵,手动或电驱动配平机构,通常可进行 3 个轴向的配平操纵。马赫数配平主要在高速飞行时使用,用于补偿跨声速飞行时焦点后移所产生的下俯力矩并自动平衡纵向力矩、增加大马赫数时的飞机稳定性,以马赫数为配平系统输入。速度配平则在放下襟翼(起飞或着陆的低空飞行时)的低速飞行状态下使用,以速度作为配平系统的输入。自动配平的作用主要是在平衡状态下消除作用在自动驾驶仪舵机上的铰链力矩,避免自动驾驶仪断开时舵机负载突变产生过大的扰动。目前,自动配平多数仅限于俯仰通道。

　　为实现俯仰自动配平,不同的飞机可选择采用以下 3 种主要的配平机构,即调效配平机构、可配平的水平安定面和配平调整片。调效配平机构主要用于助力操纵系统中,而通常大型飞机会利用可配平的水平安定面进行有行程限制的俯仰配平。

　　俯仰配平调整片是位于升降舵后缘的可偏转的小翼板,其偏转与升降舵的偏转是彼此独立的。由于调整片距离舵面铰链较远,适当使调整片相对于舵面反向偏转,可以有效减小舵面的铰链力矩。同时,由于调整片面积很小,对舵面的升力影响可忽略。现役的支线客机和商务/通用飞机多采用此种机构实现俯仰自动配平。

10.2 配平系统组成

配平系统[14-16]由传动机构和舵面调整装置组成,其中,传动机构用于实现驾驶员操作到舵面调整装置的传递,舵面调整装置用于设定或改变舵面的锚定点。设计小传动比的传动机构,使驾驶员用较小的力就可以驱动舵面调整机构,从而实现舵面锚定点的改变。另外,如果引入电气控制,由电动舵机驱动舵面调整机构,也可以实现配平控制,即电动配平。

10.2.1 助力操纵及人感装置

随着飞机尺寸、质量及飞行速度的不断提高,舵面铰链力矩的增大,驾驶员难以直接通过钢索或拉杆拉动舵面。液压助力器被广泛应用于飞机的操纵系统中,作为一种辅助装置来增大施加在舵面上的作用力,这种操纵系统即助力操纵系统。在这种系统中,驾驶员仍然可以通过拉杆或钢索感受到舵面上所受到的气动力,并依据这种感觉来操纵飞机,其配平系统的构成及原理与机械操纵系统大致相同。

当操纵系统采用全助力操纵方式后,驾驶员的操纵指令直接控制助力器上的分油活门,从而通过助力器改变舵面的偏转并承受舵面的铰链力矩。此时,驾驶杆与舵面无直接联系,驾驶杆上所承受的杆力仅用于克服传动机构中的摩擦,与飞行状态无关,驾驶员亦无法从杆力的大小来感受飞机飞行状态的变化。为使驾驶员获得必要的操纵感觉,感受到适当的杆力和杆位移,操纵系统中增加了人感装置,用来提供驾驶杆上所受的人工杆力。

10.2.2 自动配平功能

自动驾驶仪系统在飞机上得到广泛应用后,配平系统也发展出自动配平功能。以自动驾驶仪姿态保持功能为例,自动驾驶仪控制飞机按照姿态基准飞行。由于飞机在飞行中的气流条件不同,为保证飞机的飞行姿态不变,必须使操纵舵面在较大的范围内调整。自动驾驶仪的飞行指令通过舵机发送给飞控。出于对舵机失效时的安全性考虑,舵机的权限通常被限制在全权限的10%以内,这就大大限制了自动驾驶仪的使用范围和性能。为解决这个问题,现代自动驾驶仪系统通常将操纵舵机的功能分为操纵舵机和配平舵机。操纵舵机的权限依然被限定在全权限的10%以内;配平舵机是全权限,适用于操纵系统的整个行程。

配平舵机的作用有2个:一是全权限调整配平操纵系统,使飞机处于合适的气动平衡点;二是使操纵舵机恢复到中立位置。配平舵机自动调整操纵系统配平基准点,并使之与自动驾驶仪系统的功能基准点相协调;操纵舵机小幅修正飞机的小扰动运动,这种控制构型扩大了控制舵机的使用范围,提高了控制效率。

配平舵机能够全权限控制操纵系统,因此为保证其故障时不会危及飞机的飞行安全,必须对其采取安全性措施。通常采用的措施包括配平速率限制、权限转换、配平监控、应急剪断设计。这些措施通过配平舵机结构设计来实现。配平舵机一般由马达、电磁离合器、反馈电位计、预应力弹簧、应力开关、输出轴、保险销,以及传动机构(齿轮、蜗杆等)组成(见图10-3)。

马达接受控制指令，马达转动通过传动机构至输出轴。通常马达的动作被限定在一个合适的速率上，从而保证配平速率既能够满足自动控制功能的需要，也能够使驾驶员有足够的反应时间进行人工修正。

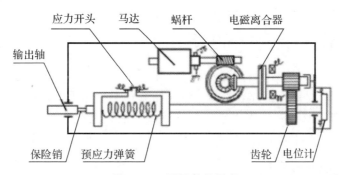

图 10-3　配平舵机原理

电磁离合器用来控制传动机构通断。加电时，电磁离合器合上，把执行机构与操纵系统连接起来；断电时，电磁离合器脱开，把执行机构与操纵系统脱开。

预应力弹簧是一个特殊的机构，它工作在给定的预应力下。当外部力矩不超过预应力值时，它可以看成是一个刚体、无延迟的传递力矩；当外部力矩超过预应力值时，它就会发生变形，吸收外部力矩。所以在锚定的情况下，并联舵机就是操纵杆系的载荷机构。当外部力矩超过预应力值时，预应力开关断开，自动控制系统认定驾驶员进行了手动操作，放弃驱动电动机动作，将操纵系统的操作权限转换给驾驶员。

反馈电位计安装在输出轴上，用来测量舵机的动作信息，并反馈给自动控制系统。通常自动控制系统会通过电位计的反馈信号来监控配平的工作：比较监控，即通过对比舵机的输入信号与电位计的反馈信号来判断配平系统工作是否正常；监测反馈信号的幅度，来判断配平系统是否存在超越配平（过度配平）。监控系统判定配平系统异常后，可提醒驾驶员及时纠正动作。

保险销是配平舵机最后的安全性设计，该保险销处承受的力达到一定程度时，将机械剪断。这种应急剪断设计适用于在舵机卡死等应急情况下，驾驶员强力操纵接管操作权限。

10.3　纵向配平系统

现代民用飞机在控制俯仰运动时，初始通过偏转升降舵面来获取需要的过载，然后通过俯仰配平机构实现飞机的配平。升降舵操纵可以实现飞机俯仰姿态的快速变化，用于保证纵向俯仰稳定，而水平安定面运动相对缓慢，实现长时间内的俯仰配平状态。

10.3.1　纵向配平系统功能

飞机纵向配平系统[16]的作用主要是通过操纵水平安定面消除升降舵铰链力矩，使升降舵在飞机平衡状态下能够保持在中立位置，从而达到保持飞机纵向稳定、消除杆力并减轻驾驶员负荷的目的。纵向配平系统包括速度增稳和马赫配平。

1）速度增稳。当飞机速度较低时，例如起飞和进场阶段，由于飞机俯仰力矩会随着空速减小而增加，使飞机飞行速度不稳定的可能性大大增加，此时飞机需要通过速度增稳功能实现对空速的配平。速度增稳一般在襟翼放下或低速飞行状态时工作。

2)马赫配平。当飞机速度接近临界马赫数时,由于气动力作用中心后移,造成机头自动下沉,进而导致速度进一步增加。为提高跨声速附近的速度稳定性,纵向配平系统以马赫数为输入调整升降舵一定程度的上偏。马赫配平一般在襟翼收起后、马赫数大于一定数值时工作。

10.3.2 水平安定面配平系统工作原理

水平安定面配平实现方式有自动配平和人工配平。某型客机俯仰自动配平系统如图 10-4 所示。自动俯仰配平是由飞控计算机输出配平指令信号给水平安定面配平系统,来实现配平。而人工配平由驾驶员通过配平手轮或配平开关等装置直接命令配平机构偏转水平安定面。当人工配平接通时,自动配平会被断开。

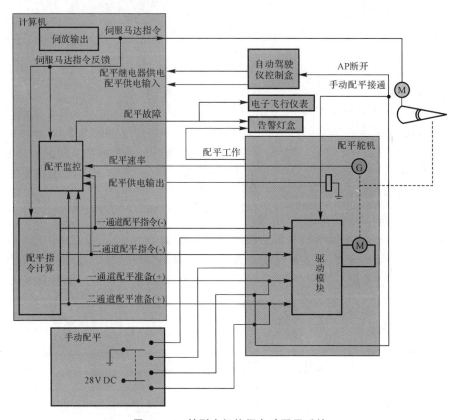

图 10-4 某型客机俯仰自动配平系统

当自动配平系统工作时,主飞控计算机根据升降偏离中立位置的程度,向自动驾驶仪计算机发送配平继电器供电信号以及配平供电输入信号。自动驾驶仪计算机通过伺服马达指令反馈信号进行配平指令的计算,并将配平指令和配平准备信号发送到配平舵机,再由驱动模块再驱动电机转动,使水平安定面达到配平位置。同时,自动配平系统还应具备配平指示和自动配平故障监控功能。

10.3.3 某型客机俯仰自动配平系统

图 10-4 所示的俯仰自动配平系统用于某型支线客机,参与俯仰自动配平系统工作的主

要部件包括:

1)数字式双余度自动驾驶仪计算机:两个余度的基本功能及配置基本相同,在配平系统中主要用于配平指令的解算与输出,以及配平系统的监控和自动断开;

2)自动驾驶仪控制盒:通过其上的自动驾驶仪接通手柄实现自动配平功能的人工接通与断开;

3)配平舵机:接收来自自动驾驶仪计算机的配平指令,驱动调整片偏转。

俯仰自动配平是自动驾驶仪的一个子功能。接通自动驾驶仪后,自动驾驶仪控制盒向自动驾驶仪计算机发送配平继电器供电信号以及配平供电输入信号,自动驾驶仪计算机通过向配平舵机发送配平供电输出信号,给配平舵机的接通线圈供电,接通自动配平功能。自动驾驶仪计算机通过伺服马达指令反馈信号进行配平指令的计算,根据配平方向,两个通道分别输出配平指令信号以及配平准备信号至配平舵机,并通过配平舵机的驱动模块驱动电机转动,从而带动调整片偏转使作用在升降舵舵面上的铰链力矩减小,最终目标是使铰链力矩降至预置门限内。

配平舵机工作时向告警灯盒发送配平工作信号,点亮机上配平灯。自动驾驶仪计算机中的配平监控环节使用伺服马达指令反馈信号、配平指令信号、配平准备信号以及来自配平舵机的配平速率信号实现配平系统监控;当发现配平系统故障时,向机上告警灯盒发送配平故障信号,点亮相应故障灯。同时,自动驾驶仪计算机通过总线向电子飞行仪表系统发送配平故障信号,并通过其进行显示。

通常,人工配平接通时要求自动配平断开。本系统可通过按压手动配平开关来切断自动驾驶仪,即断开了自动配平而转换至人工配平方式。

思 考 题

(1)民机配平系统的基本原理是怎样的?

(2)配平系统由哪两部分构成?

(3)纵向配平系统功能包括哪两方面?

第 11 章　典型民机飞行控制系统

11.1　E190 飞行控制系统

11.1.1　E190 概述

E190[6] 是一款下单翼、双发喷气传统构型,设计用于中短程客运的民用飞行器。E190 飞机标准配置 2 名飞行员和两名乘务员,核载 98 名乘客。E190 飞机三视图如图 11 - 1 所示。

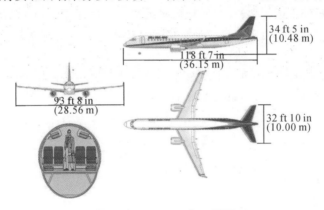

图 11 - 1　E190 飞机三视图

注:1 in≈2.54 cm

E190 飞机起落架包含向前收起的两轮前起落架和向内侧收起的主起落架,前起落架提供单边 76°的转向角。E190 飞机起落架收放方式如图 11 - 2 所示。

图 11 - 2　E190 飞机起落架收放方式

E190 采用 GE 公司 CF34 - 10F 高涵道比涡扇发动机,并通过全权限电子发动机控制模块对所有模式进行控制,E190 发动机如图 11 - 3 所示。

CF34-10E 高涵道比涡扇发动机

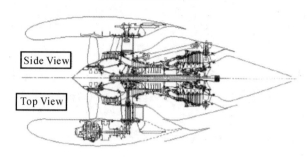

图 11 - 3　E190 发动机

E190 - 100 可以在 15 min 内爬升至 3×10^4 ft 高度,升限达 4.1×10^4 ft,最大巡航速度 $0.8\ Ma$,航程达到 2 000 n mile(1 n mile ≈ 1.852 km)。

EMB190 飞行控制系统由主飞行控制系统和辅助飞行控制系统及其相关系统部件组成。主飞行控制系统包括:

1)副翼和多功能滚转扰流板系统;

2)升降舵系统;

3)方向舵系统。

辅助飞行控制系统包括:

4)水平安定面;

5)襟/缝翼系统;

6)多功能扰流板。

E190 飞行舵面、操纵舵面、方向舵、主飞行控制系统、辅助飞行控制系统分别如图 11 - 4~图 11 - 7 所示。

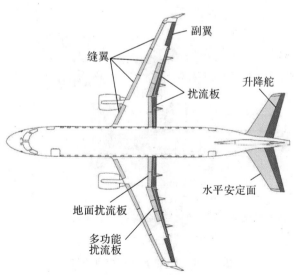

图 11 - 4　E190 飞行舵面俯视图

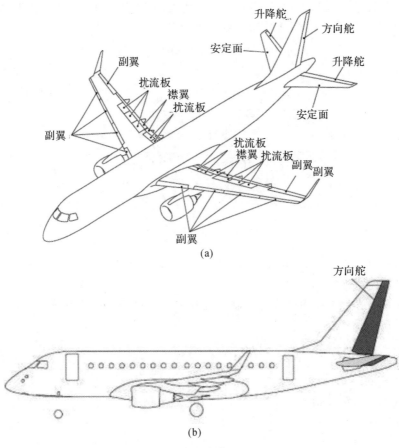

(a)

(b)

图 11 - 5 E190 操纵舵面与方向舵

(a)E190 操纵舵面;(b)E190 方向舵

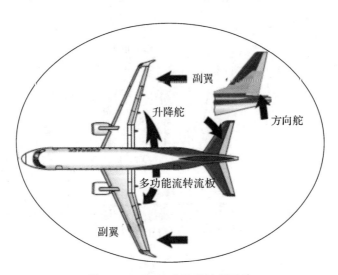

图 11 - 6 E190 主飞行控制系统

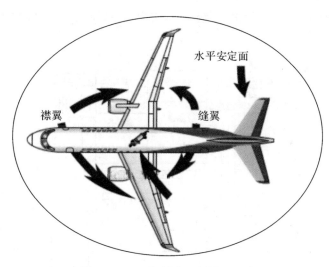

图 11 - 7　E190 辅助飞行控制系统

　　飞行控制系统利用液压作动筒控制相应的飞行操纵舵面,这一过程由相应的功率控制组件(Power Control Units,PCU)完成。副翼由传统的控制钢缆驱动,连接控制杆到一对液压机械作动筒,从而驱动控制舵面。

　　方向舵和升降舵,以及滚转扰流板和所有的辅助飞行控制系统,包括水平安定面,襟/缝翼,地面扰流板等的控制都由电传操纵系统(Fly By Wire, FBW)完成。E190 飞行控制系统结构图如图 11 - 8 所示。

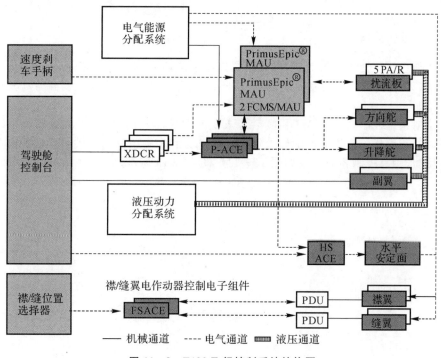

图 11 - 8　E190 飞行控制系统结构图

　　主作动筒控制电子组件(Primary-Actuators Control Electronics,P-ACE)和飞行控制模

块(Flight Control Module,FCM)用于操控相应的电子-液压或电子-机械作动筒。E190飞行控制组件框图如图11-9所示。

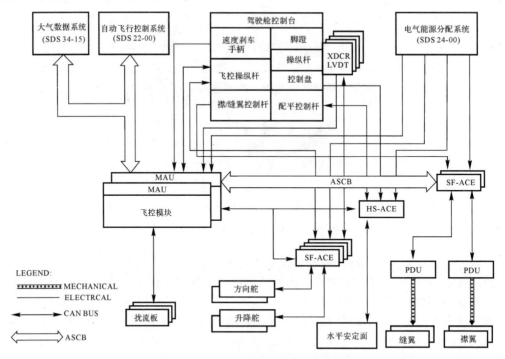

图 11-9　E190飞行控制组件框图

11.1.2　滚转控制

滚转控制系统包括传统的液压-机械副翼控制系统和FBW电子-液压多功能扰流板控制系统,以提供X轴向的滚转控制。系统可以通过驾驶员左右旋转控制盘或自动驾驶仪来实现控制。滚转如图11-10~图11-12所示。

副翼控制系统控制两个安装于机翼后缘末端的副翼面,而多功能扰流板控制系统驱动位于机翼外侧的三副扰流板以辅助滚转控制。依靠感觉和定中组件为驾驶员操作控制盘提供人工的感觉反馈,副翼控制相关关系如图11-11~图11-13所示。

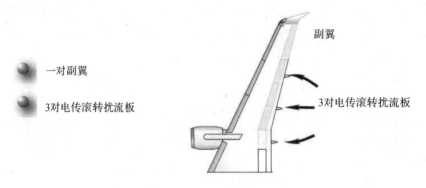

图 11-10　E190滚转控制

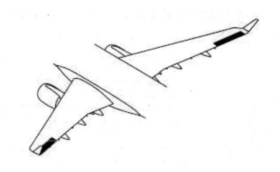

图 11 - 11　E190 副翼布置图

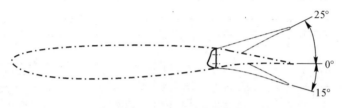

图 11 - 12　E190 副翼操纵图

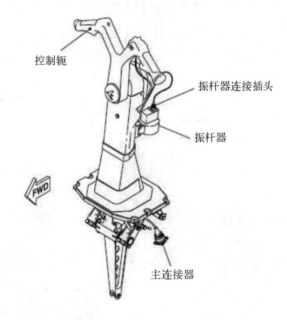

图 11 - 13　E190 副翼控制杆

11.1.3　偏航控制

偏航控制采用电传控制的电子-液压控制系统,提供对飞机偏航轴向的控制。由飞行员移动方向舵脚蹬或自动驾驶仪来进行控制。方向舵控制系统移动安装于垂直安定面后缘的一个小方向舵面,其两个并联的方向舵作动筒采用 P-ACE 和 FCM 控制逻辑进行控制,包含活动/

备份两种工作模式。由于方向舵脚蹬和方向舵面间没有机械结构相连,无法进行力的回传,故采用感觉组件完成对脚蹬的人工感觉和定中功能。E190 方向舵控制和相关脚蹬操纵如图 11-14 和图 11-15 所示,方向舵面如图 11-16 所示。

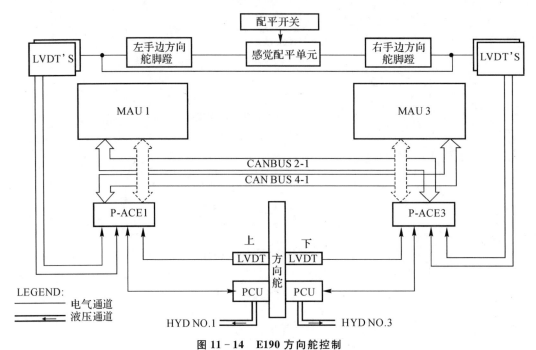

图 11-14　E190 方向舵控制

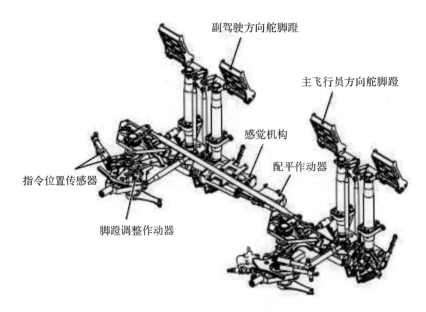

图 11-15　E190 脚蹬控制

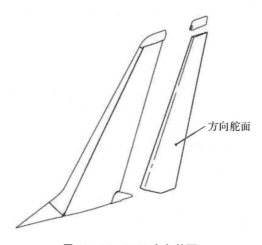

图 11 - 16　E190 方向舵面

11.1.4　俯仰控制

俯仰控制采用电传控制的电子-液压控制系统,提供对飞机俯仰轴向的控制。由飞行员移动控制杆向前向后或自动驾驶仪来进行控制。方向舵控制系统驱动安装于左、右两边水平安定面后缘的升降舵面,升降舵的控制和布局如图 11 - 17 和图 11 - 18 所示。

P - ACE 和 FCM 控制逻辑用于控制每个舵面对应的液压升降舵作动筒,其包含活动/备份两种工作模式。同样由于驾驶杆和升降舵面间没有机械结构相连,无法进行力的回传,采用感觉组件完成对操纵杆的人工感觉和定中功能。

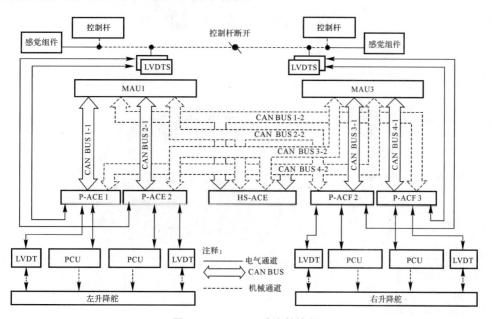

图 11 - 17　E190 升降舵控制

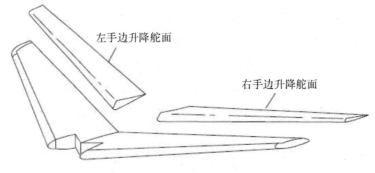

图 11 - 18　E190 升降舵

11.1.5　高升力系统

高升力系统由两个作动系统构成，一个系统控制八个在机翼前缘的缝翼面（每边四个），另一个系统控制四个在机翼后缘的双缝襟翼面。E190 襟/缝翼舵面如图 11 - 19 所示。所有这些操作由驾驶舱中央控制台上的单控制杆来完成。如图 11 - 19 所示，控制杆有七个控制位，定义了七种不同的襟/缝翼面位置组合。

襟/缝翼的操纵控制指令由两个襟/缝翼作动筒控制电子组件（SF - ACE）完成，其电气操纵由功率驱动组件（PDU）完成。

缝翼
（每个翼面4个）
双缝襟翼
（每个翼面2个）

图 11 - 19　E190 襟/缝翼舵面

襟缝控制杆

图 11 - 20　E190 襟/缝翼操纵杆

11.1.6　扰流板控制

扰流板控制系统对两边机翼对称的扰流板组进行指令控制，这样的扰流板组合在机翼外侧段分别有三组，内侧还有一组专用于地面的扰流板。

扰流板系统提供滚转控制以增强副翼的滚转力矩，而飞行过程中的速度刹车控制在飞机下滑近进时用于增加飞行器下滑率。扰流板系统还提供自动地面刹车扰流板控制，通过增加气动阻力和机轮摩擦阻力以辅助轮刹在接地之后提高地面减速效果。E190 扰流板如图 11 - 21 所示。

相应的速度刹车手柄组件安装在驾驶舱中央控制台上，附加一个陡近进开关按钮使得机组可以操纵机腹的空气刹车系统。

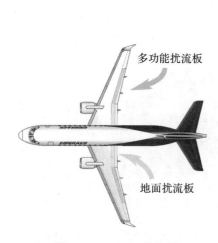

图 11 - 21　E190 扰流板　　　　**图 11 - 22　E190 扰流板操纵手柄**

11.1.7　外系统交联

飞行控制系统与下列飞机系统进行交联：

1）电气系统，为控制组件和电气作动筒提供电力；

2）液压系统，为 PCU 和作动筒提供液压源；

3）大气数据系统，提供空速、高度等信号；

4）自动飞行控制系统，提供自动驾驶指令；

5）FADEC，用于发动机参数和功率设置；

6）飞机故障诊断与维修系统，显示系统维修信息。

11.1.8　飞行操纵

驾驶舱飞行控制系统包括指示和控制两部分。控制系统包括控制杆和控制盘，可以在自动驾驶仪没有介入的情况下对俯仰进行配平。中央控制台还包括飞行控制模式选择板、襟/缝翼操纵杆、速度刹车手柄等。

按压飞行控制板上的模式选择开关使得飞行员可以操纵飞行器进入某个通道（包含升降舵通道、方向舵通道和扰流板通道）的直接模式，在此模式下 ACE 直接接收驾驶员操纵指令并生成驱动作动筒偏转的指令。E190 驾驶舱控制台和对应模式选择板如图 11-24 和图 11-23 所示。

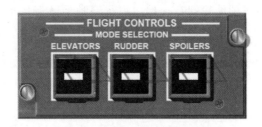

图 11-23　E190 模式选择板

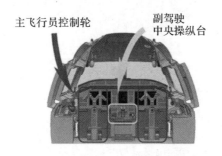

图 11-24　E190 驾驶舱控制台

在发动机指示与机组告警系统(Engine Indication and Crew Alerting System,EICAS)显示面板上有三个不同区域用于飞行控制系统显示。右上角显示的是系统状态、建议、注意和告警信息。右下角显示滚转、偏航和俯仰配平位置。左下角显示襟/缝翼、速度刹车位置和襟/缝翼操纵杆位置,绿色显示时表示当前真实位置,当变为琥珀色时翼面正在偏转中,若相关舵面失效或不可用,图像不显示,如图 11-25 所示。

多功能显示面板给出了飞行控制系统概要信息,如飞行控制面偏转角度等,也包含一些状态信息,对液压操纵系统信号、控制模式和作动筒状态提供指示,如图 11-26 所示。

图 11-25　E190EICAS 显示　　图 11-26　E190 多功能显示面板

为了降低飞行控制系统潜在的故障,在飞行器上电初始,飞行控制系统会进行自动化的 BIT(称为上电 BIT),用于保障系统各组件在飞行前或维修之后系统功能的完好性。这包含对下属所有设备,包括 FCM,ACE,PCU 等等设备内部电子线路板、传感器进行飞行前的通电检查(整个检查过程液压关闭,避免作动面的动作),并完成对软件的交联互锁检查。用于交联互锁检查的参数包括:

1)WOW(Weight On Wheel,轮载信号)地面状态;

2)CAS(Calibrated Air Speed,校准空速)小于 60 节;

3)液压压力小于 300psi(1 psi＝6.895 kPa);

4)P-ACE 上电闭塞关闭(使得 P-ACE 上电情况下允许激励指令的输入)

11.2　波音 777 飞行控制系统

11.2.1　波音 777 飞控概述

波音 777(B777)飞机是美国波音飞机公司制造的一种中、远程宽体运输机(见图 11-27)。飞机全长超过 60 m,高 18.4 m,最大起飞重量可达 280 多吨,最大实用升限为 43 000 in 气压高度,最大飞行速度可达 330n mile/h 或 0.87 Ma。最大航程分为两种:7 340～8 930 km,11 170～13 670 km。

图 11-27　波音 777 飞机

B777 飞机采用了传统外形布局,下单翼外挂两个发动机吊舱,水平安定面/升降舵以及垂直安定面/方向舵位于机尾,前三点式起落架。为了增加低速下升力以进行起飞和着陆,大翼上除了外侧副翼和襟副翼外,还安装了增升装置:每侧有外侧后缘襟翼、内侧后缘襟翼和克鲁格襟翼各 1 块以及前缘缝翼 7 块。每侧大翼上还有 7 块扰流片,以帮助空中操纵和着陆减速。

B777 飞机的飞行操纵面如图 11-28 所示。其中,2 个升降舵和 1 个活动的水平安定面实现俯仰控制;2 个襟副翼和两个副翼,14 块扰流板实现横滚控制,在正常方式时,襟副翼都是用来控制横滚的;偏航由唯一的 1 个方向舵控制,方向舵几乎与垂直尾翼一样高。方向舵的下段有一活动部分,该部分的转动速度是主舵面 2 倍,从而提供了附加的偏航控制能力。

B777 的飞行控制系统主要由三大部分构成:电传操纵系统(主飞行操纵系统),自动飞行控制系统和自动油门系统。以下介绍其主飞行操纵系统。

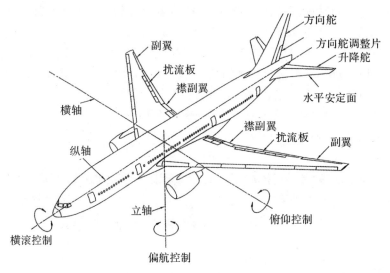

图 11 - 28　B777 操纵系统图

11.2.2　B777 飞机主飞行操纵系统

B777 飞机主飞行操纵系统是电传操纵系统。驾驶舱采用传统式布局,两名驾驶员并排于前部,每人一套操纵装置:操纵盘/杆,脚蹬踏板,手轮(在地面用于控制前轮和主轮转弯,系机械连接)。操纵台机长一侧有减速板手柄。两套装置机械联动,驾驶员可即时修正另一名驾驶员动作。主操纵系统是电传操纵系统,其构成如图 11 - 29 所示。

电传操纵系统主要由以下部件组成:

1)主飞行计算机(Primary Flight Computer,PFC);

2)作动筒控制电子装置(ACE);

3)动力控制组件(PCU);

4)杆位置传感器(position transducers);

5)人感系统(feel units);

6)配平作动筒(trim actuators);

7)A/P 反驱动伺服器(A/P backdrive).

8)速度制动作动筒(speed brake actuator);

9)断开开关(PFC disconnect switch);

10)飞行控制 ARINC 629 总线。

主要交联的分系统有:

1)三个自动驾驶/飞行指引计算机(Auto-pilot and Flight Direct Computer,AFDC);

2)两个飞机信息管理系统(Aircraft Information Management System,AIMS);

3)大气数据惯性基准组件(Air Data and Inertial Reference Unit,ADIRU);

4)辅助姿态和大气数据基准组件(Secondary Attitude and Airdata Reference Unit,SAARU)。

(1)主飞行计算机

电传操纵系统有三个完全相同的主飞行计算机,每套称为一个通道。每个主 PFC 又包括三个数字计算机支路,分别为支路 1、支路 2 和支路 3。每个支路包括:一个输入信号监视器;一套控制法则、一个通道交叉监视器、一个主飞行计算机输出选择器。PFC 有两种工作方式:正常和辅助。PFC 自动选择自己的工作方式。在正常方式时,PFC 全部功能均能正常工作。当 PFC 探测到从 ADIRU 或 SAARU 来的数据丢失了重要大气和姿态传感器数据时,PFC 自动选择辅助方式。辅助方式是一种降级工作方式,仅能实现特定功能。主飞行计算机的主要功用是完成操纵面指令计算,以使飞机达到所要求的稳定性和操纵性。B777 主飞行计算机功能框图如图 11 - 30 所示。

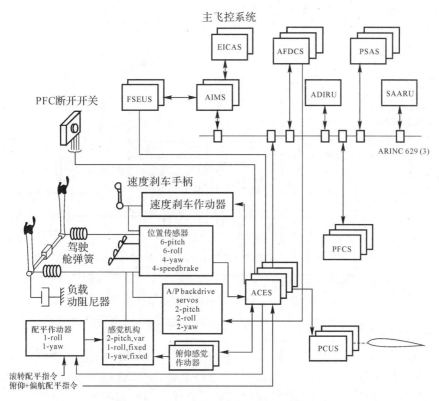

图 11 - 29　B777 飞机主飞行操纵系统组成

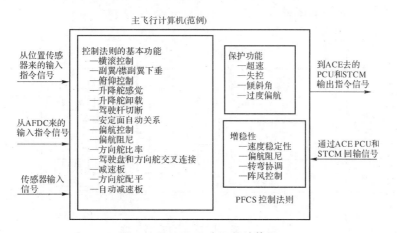

图 11 - 30　B777 主飞行计算机

（2）作动筒控制电子装置

作动筒控制电子装置是一个信号变换器并且实现电传操纵系统的直接操纵方式。B777作动筒控制电子装置功能框图如图 11-31 所示。

1）模拟/数字转换器；

2）数字/模拟转换器；

3）直接操纵方式选择逻辑；

4）直接操纵方式的指令计算；

5）对动力控制组件（PCU）实现闭环控制；

6）激磁电源控制。

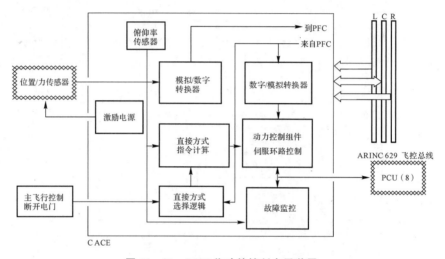

图 11-31　B777 作动筒控制电子装置

（3）动力控制组件

动力控制组件为操纵各种气动舵面提供动力。B777 动力控制组件功能框图如图 11-32 所示，全机共有 29 个动力控制组件，如前所述，每一个动力控制组件包括一个作动筒、一个电液伺服阀和位置反馈传感器，并与作动筒控制电子装置一起形成闭环伺服回路。当位置反馈传感器信号处于指令位置时，作动筒控制电子装置就终止对动力控制装置的控制指令，相应地气动舵面将停止在所指令的位置。

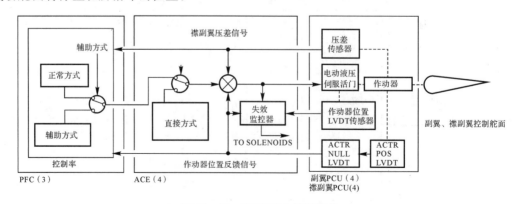

图 11-32　B777 动力控制组件

(4)电传系统的工作模式

1)正常操纵方式。人工飞行时,正常方式 ACEs 接收飞行员操纵输入信号,并把这些信号送给三台 PFCS,PFCS 利用这些信号和来自其他飞机系统的有关信息,按设计的控制规律计算出操纵面指令。这些指令又被送到 ACEs,ACEs 把这些指令分发给相应操纵面作动筒。

在正常方式时,系统将能实现自动驾驶仪功能,边界保护系统将提供某些参数的自动保护功能,以减少不小心超出飞机飞行范围的可能性。此外,在正常方式时,系统还具有推力不对称补偿、偏航阻尼、阵风抑制和自动减速板等功能。正常操纵方式交联图如图 11 - 33 所示。

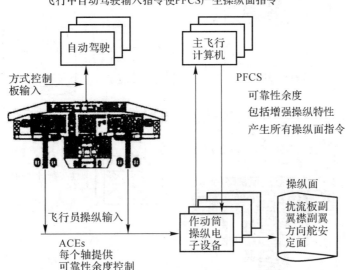

图 11 - 33　B777 正常操纵方式交联图

2)次要工作方式。当 PFCS 由于内部故障或缺少飞机其他系统所需的信息而不能支持正常工作方式时,PFCS 将自动转到次要方式。此时,ACEs 继续接收飞行员操纵输入信号,并将其送给三台 PFCS。但 PFCS 使用简化的控制规律,来产生飞行操纵面指令。这些指令也同样送给 ACEs,并以正常方式同样的方法送给操纵面作动筒。在次要方式时,所使用的简化控制规律将使飞机的飞行品质降低。

在次要方式时,自动驾驶,推力自动补偿、自动减速板、边界值保护和阵风抑制功能不能工作,偏航阻尼不工作或性能降级。B777 次要工作方式交联图如图 11 - 34 所示。

3)直接工作方式。当 ACE 发现三台 PFCS 信号联系中断后便自动转到直接工作方式。直接工作方式也可以人工选择(即把主飞行计算机电门断开)。在该种工作方式下,PFC 不再产生操纵面指令。ACE 接收飞行员输入信号直接给操纵面作动筒。但直接方式仍可提供飞机继续安全飞行和着陆的所有操纵,但飞机的飞行品质降低。在俯仰回路中,由于在 ACEs 中含有俯仰速率陀螺,因此,仍然可以形成俯仰闭环增稳回路。与次要方式类似,上述所有的附加功能此时均不能实现。B777 直接工作方式交联图如图 11 - 35 所示。

4)备用机械操纵。万一电气系统完全切断,从驾驶舱到安定面及所用扰流板的机械操纵仍可使飞行员直飞到电气系统重新启动。

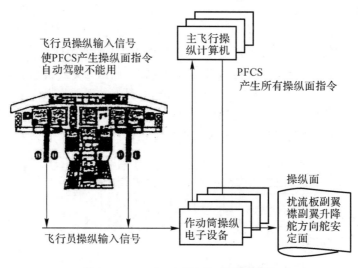

图 11-34 B777 次要工作方式交联图

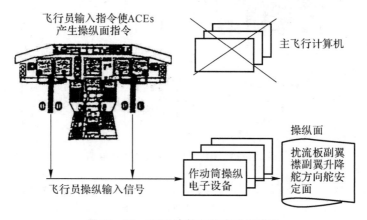

图 11-35 B777 直接工作方式交联图

11.2.3 B777 主飞行计算机

B777 电传操纵系统有三个完全相同的主飞行计算机(PFC),每个称为一个通道。每个主 PFC 又包括三个数字计算机支路,分别为支路 1、支路 2 和支路 3。每个通道中的三个支路分别被分配为指令支路、备用支路和监控支路。B777 主飞行计算机组成如图 11-36 所示,交联关系如图 11-37 所示。

1)指令支路将全部作动器控制和系统状态数据传送到它指定的 629 总线,指令支路同时还有支路的监视功能以便发现和隔离备用支路及监控支路的故障。

2)备用支路只传送测试数据;监视支路主要执行监控功能以及支路余度管理任务。一旦指令支路失效,其任务由备用支路取代。

从结构上看,每个支路均分别由处理器模块、输入/输出模块和电源模块组成。

处理器模块功能是相同的,都是基于高度综合的设计,但每个支路的处理器是非相似的,分别为 AMD-29050、Motorola-68040、Intel-0486。每个处理器模块都具有超过 1 000 万条指令/s 的处理能力。

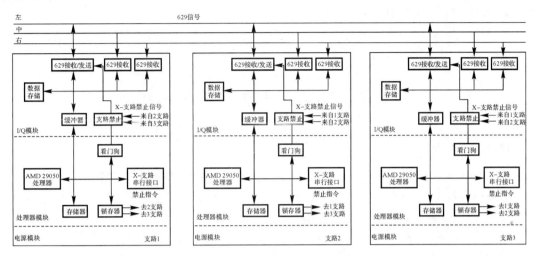

图 11 - 36　B777 主飞行计算机的组成

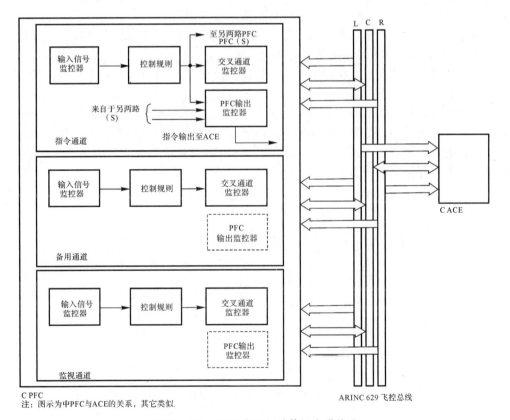

C PFC
注：图示为中PFC与ACE的关系，其它类似。

图 11 - 37　B777 主飞行计算机交联关系

输入/输出模块控制 ARINC 629 总线与处理器之间的数据流，它包括 3 个总线终端，其中 2 个只用于接收，1 个作为发送/接收器，这些终端借助串行接口模块与 ARINC629 总线通信。

电源模块是一种开关电源，由飞机 28 伏直流供电，提供＋5V，＋15V 及－15V 直流电并且具有在外部电源中断时保持供电的能力。电源本身有自监控功能和广泛的保护特征。每个PFC被接到飞机不同的电源线上。

从功能上来看,每个支路都包含有:一个输入信号监视器、一套控制算法、一个通道交叉监视器、一个主飞行计算机输出选择器。

11.3 空客320飞行控制系统

11.3.1 系统概述

空客320(A320)飞机的控制面,除了缝翼由铝合金制成外,其余均为复材制造。所有的控制面均采用电控,并由液压驱动,且在俯仰通道(可配平的水平安定面)和偏航通道(方向舵)具有机械备份。A320飞机飞行控制系统如图11-38所示。

1)俯仰。俯仰控制由两个升降舵和可配平的水平安定面完成,升降舵用于短程操纵,水平安定面用于长程操纵。

2)偏航。偏航控制由方向舵完成,如果飞机的转弯是由方向舵脚蹬触发的,滚转扰流板和副翼确保滚转/偏航转弯的自动协调,方向舵也用于荷兰滚阻尼。

3)速度刹车。速度刹车功能由第2、3、4号扰流板完成,其主要目的是增加飞行阻力。滚转指令和速度刹车指令,滚转功能具有更高优先级。

4)地面扰流板。地面扰流板功能由所有机翼扰流板实现,用于完成飞机接地阶段、推出阶段或者中止起飞阶段的升力破坏。

5)高升力。高升力功能由襟缝翼和副翼完成。主翼两边各有两个襟翼和五个缝翼,从翼根到翼尖编号由大到小。缝翼与襟翼和下垂副翼一起确保起飞、进近和着陆时的升力增加。

6)副翼下垂。副翼在襟翼伸出时向下偏转,以跟随机翼轮廓变形。副翼下垂功能增加了未配备襟翼的机翼部分的升力。

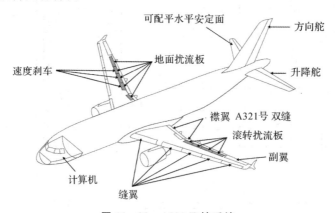

图11-38 A320飞控系统

7)计算机。飞控计算机设备持续控制和监控飞行控制面,还记录和存储故障。该计算机设备包括升降舵副翼计算机(Elevator and Aileron Computer,ELAC)和扰流板升降舵计算机(Spoiler and Elevator Computer,SEC),以控制飞机滚转和俯仰轴向。其包括两个升降舵副翼计算机和3个扰流板升降舵计算机。

两个飞行增稳计算机(Flight Augmentation Computer,FAC)控制飞行偏航轴。两个襟缝翼控制计算机(Slat and Flap Control Computer,SFCC)用于控制襟缝翼,两个飞行控制数据集中器(Flight Control Data Concentrator,FCDC)可以实现指示和维护功能。

在自动驾驶模式,飞行管理与制导计算机(Flight Management and Guidance Computer,FMGC)发送指令给电子飞行控制系统(Electronic Flight Control System,EFCS)。请注意,如果两个 ELAC 都发生故障,SEC 将直接从侧杆接收信号。在手动模式下,如果出现故障,一个 ELAC 或一个 SEC 能够控制飞机的横滚和俯仰轴。

两个飞控数据集中器用于完成不同飞控计算机(ELACs 和 SECs),或其他飞机子系统的数据交换。A320 飞控计算机配置如图 11-39 所示。

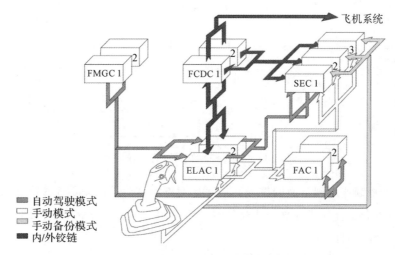

图 11-39　A320 飞控计算机配置

ELAC、SEC 和 FAC 构成了详细的飞行控制规律,包括用于优化控制的飞行包线保护功能。

11.3.2　电传飞控体系

所有飞行操纵面现在都是由电控和液压操作的。此外,安定面和方向舵具有液压机械控制备份,以防电气故障。该体系的主要优势就是提升了系统冗余度,操纵品质,减轻了系统重量,提升了推力性能。

A320 的控制杆采用侧杆。原有的机械通道被电缆和计算机取代。这些计算机控制伺服作动器。计算机包含了飞行控制规律,包括飞行包线保护,以优化飞机的控制。自动驾驶仪指令可以直接发送到计算机。调校人工感觉机构由侧杆定心弹簧代替。传统伺服作动器的机械反馈被传输到计算机的电气反馈所代替。操纵盘控制功能由计算机来完成,该计算机使用飞机响应来保持所需姿态。A320 电传飞控系统在驾驶舱的布局如图 11-40 所示。

11.3.3　系统操纵与指示

驾驶舱侧窗旁边,每个侧边控制台上的侧杆用于手动俯仰和滚转控制。它们通过飞行控制计算机控制舵面。

手柄上还包括两个按钮,一个用于自动驾驶断开或侧杆优先,另一个用于无线电。对于某些维护过程来说,有必要用销钉将侧杆锁定在俯仰和滚转中立位置。

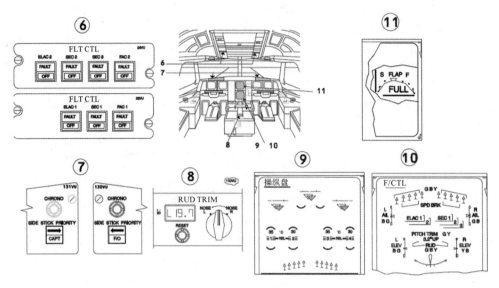

图 11 - 40　A320 电传飞控系统

速度刹车杆控制速度刹车面的位置和地面扰流板的手动预选。要选择速度刹车面的所需位置,必须向下推刹车杆并将其置于所需位置。要启用地面扰流板,当处于 RETRACTED 位置时,必须向上拉刹车杆。

两个俯仰配平轮提供可配平水平安定面(Trimable Horizontal Stabilizer,THS)的机械控制,并优先于电气控制。当自动俯仰配平不可用时,必须使用 THS 机械控制。配平位置在每个配平轮附近的刻度上以度表示。前轮触地后,当俯仰姿态小于 2.5°时,俯仰配平轮自动返回 0°。

左右两组方向舵脚蹬用于完成方向舵机械控制。这些踏板有单独的调节装置,飞行员可以将其设置为个人设置。

襟缝翼操纵杆连接到指令传感器单元,以变送和传输机械指令到电气信号,并输入襟缝翼控制计算机(SFCCs)。襟翼操纵杆选择缝翼和襟翼的同时操作,在选择任何位置之前,必须先把杆向上提起。A320 操纵系统与指示如图 11 - 41 和图 11 - 42 所示。五个操纵杆位置对应的舵面位置如图 11 - 41 中表格所示。

方向舵配平指令通过飞行增稳计算机传输至配平作动器。①方向舵配置重置按钮开关(重置配平位至零位);②方向舵配平控制开关(控制方向舵配平作动器,以移动人感机构到中立点位置);③方向舵配平指示器(显示方向舵配平左右方向,或 0°~20°)

飞行控制板上的计算机按钮用于给升降舵和副翼计算机(ELAC)、扰流板升降舵计算机(SEC)和飞行增强计算机(FAC)通电、断电和复位。指示灯为白色时为 OFF,对应的计算机被切断;当对应的计算机失效时,指示灯为琥珀色 FAULT,并在 ECAM 上弹出提示信息。

侧杆优先灯指示对应飞行员的优先权丧失和优先权获取。当两侧操纵杆同时启动时,优先开关上没有任何动作,机长和副驾驶绿灯亮。飞行员失去优先权,则前方的红色箭头灯亮起。如果停用的侧操纵杆不在空挡，机长或副驾驶绿灯在优先驾驶的飞行员前方亮起。

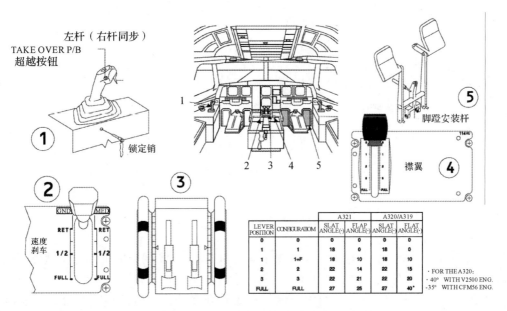

图 11-41　A320 系统操纵与指示 1

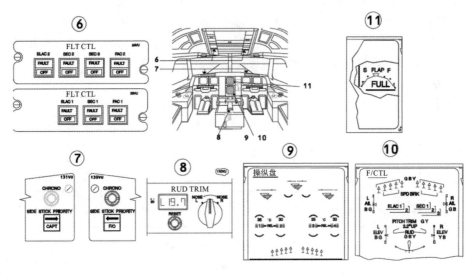

图 11-42　A320 系统控制与指示 2

飞行控制系统信息主要在三个 ECAM 页面上显示，飞行控制 ECAM 页面和机轮 ECAM 页面用于主要舵面指示，发动机警告显示用于缝翼和襟翼指示。

11.3.4　电气操纵概述

所有的飞行控制面都由作动器液压操作，作动器接收来自计算机的电信号。方向舵和可配平水平安定面(Trimable Horizontal Stabilizer，THS)也可以机械控制。A320 电气操纵布局如图 11-43 所示。

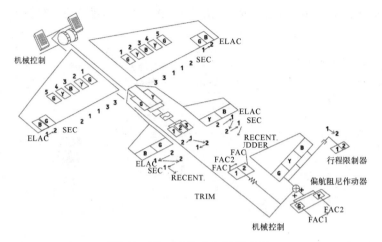

图 11-43　A320 电气操纵布局

除方向舵配平作动器、方向舵行程限制作动器和电动 THS 伺服电机由电驱动外,所有执行器均由三个液压回路之一提供液压动力。

作动器和计算机之间的关系如图所示。左或右升降舵作动器连接到两台计算机,一台 ELAC 和一台 SEC。

每个副翼、升降舵和偏航阻尼功能都有两套伺服控制器。在正常配置中,一个伺服控制器驱动舵面,被称为主动伺服控制;第二个在舵面偏转之后,处于阻尼模式。

当只有手动俯仰配平可用时,定中模式将应用于升降舵。作动器以液压方式保持在中立位置。如果出现故障,阻尼伺服控制和相关计算机将设置为激活模式。

11.3.5　控制律

在正常情况下,使用正常控制律来计算舵面偏转指令。正常控制律提供了全飞行包线保护功能,其控制过程如图 11-44 所示。

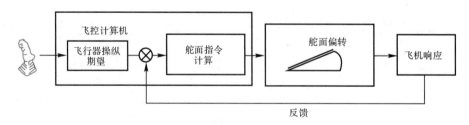

图 11-44　A320 控制过程

系统主要有三个主要的控制模式:地面模式,飞行模式,拉平模式。

1)在地面模式下,操纵杆、升降舵和滚转控制舵面之间存在直接关系。此外,方向舵由方向舵踏板机械控制,且偏航阻尼器功能是可用的。当主起落架减振器在俯仰姿态确认下被压缩时,地面模式在拉平模式之后激活。

2)在飞行模式下,正常控制律包括:①过载 N_z 用于俯仰控制,包括负载因子保护功能;②横侧向正常控制律用于横侧向控制(滚转和偏航向),包括侧滑角保护功能;③高速(VM0);④俯仰姿态(theta);⑤失速角(攻角)保护,如图 11-44 所示。

当主起落架减震器伸出并确认俯仰姿态时,飞行模式在地面模式之后激活。

3)在拉平模式中的控制律为:①拉平控制律代替了过载 N_z 控制,用于俯仰控制,以允许常规拉平操纵;②横侧向正常控制律;③失速保护。

拉平模式在飞行模式低于某一高度后激活。

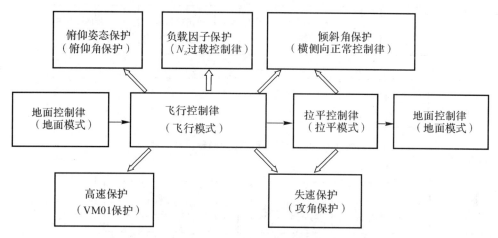

图 11 - 44　A320 正常控制律

控制律重构主要包含俯仰轴和横侧向轴。如图 11 - 45 所示控制律重构可以分为两组:备用和直接。

在发生一次故障情况下,正常控制不会失去。从正常转换到备用控制律是自动的,这取决于故障的数量和性质。

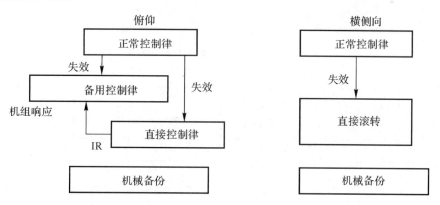

图 11 - 45　A320 控制律重构

一旦正常控制律失效,备用控制律会自动引入。对于俯仰轴,备用控制律(见图 11 - 46)提供:①负载因子保护;②高低速稳定(备用高速保护和备用大攻角保护)。而滚转轴是直接控制律。

在没有保护的备用控制律中,高速和低速稳定性将失去,仅提供负载因子限制,如图 11 - 47 所示。

直接控制律仅在地面上自动启动。如果无法再执行正常和备用控制律,则直接控制律可在故障后的飞行中激活,如图 11 - 48 所示。

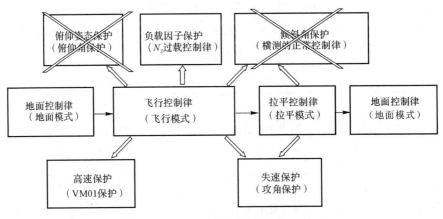

图 11-46 A320 降阶保护的备用控制律

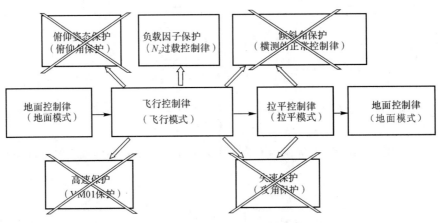

图 11-47 A320 无保护的备用控制律

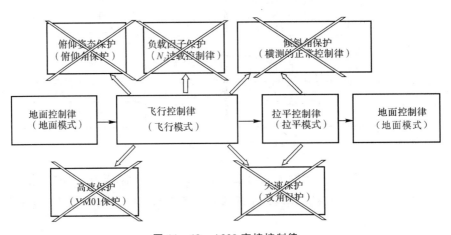

图 11-48 A320 直接控制律

在直接控制律中,使用侧杆和舵面之间的直接连接,所有的保护都将失去,如图 11-49 所示。

机械备份允许在电力或飞行控制计算机暂时完全丧失期间控制飞机。当升降舵保持在零偏转时,使用配平轮实现纵向控制,通过踏板实现横向控制,如图 11 - 50 所示。

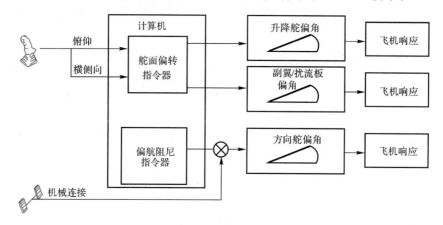

图 11 - 49　A320 直接控制律基本原理

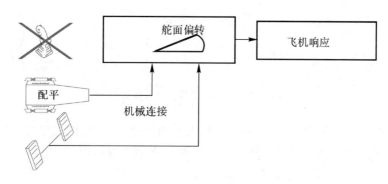

图 11 - 50　A320 机械备份操纵

11.3.6　侧杆操作与优先级指示

机长和副驾驶侧杆组件是相似的,它们的人体工程学特征适用于机长的左手和副驾驶的右手操纵。当不使用侧杆时,弹簧将驱动其到空挡位置。A320 侧杆如图 11 - 51 所示。

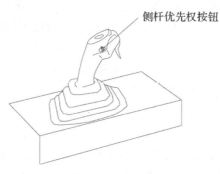

图 11 - 51　A320 侧杆

两个侧杆侧优先级逻辑在飞行控制计算机(升降舵副翼计算机和扰流板升降舵计算机)中实现。机长侧杆优先级高,当侧杆动作时,与其角度偏转相关的电信号传输到计算机。A320

双侧杆逻辑如图 11 - 52 所示。

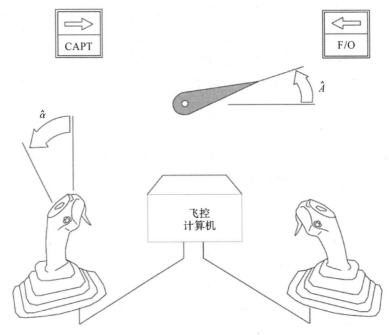

图 11 - 52 A320 双侧杆优先级逻辑

当两个侧杆在没有任何优先开关动作的情况下偏转时,两个绿色优先灯(机长和副驾驶)闪烁,并且只要两个侧部杆仍保持偏转,每 5 s 产生一次声音指示"双输入"。当两个侧杆沿同一方向动作时,信号以代数方式相加,其总和仅限于舵面最大偏转角度。如果侧杆沿相反方向移动,则产生的指令是它们之间的差异。

按下并按住接管按钮,机长将停用另一侧操纵杆。副驾驶侧杆被停用时,前方将亮起红灯,并伴有音频呼叫:"左优先。"当停用的侧杆不在空挡位置时,已控制的机长前方将亮起绿灯。如果副驾驶激活其接管按钮,同样的逻辑适用。按住接管按钮超过 30 s,将锁定系统并保持其优先级。在任何时候,瞬时按下另一侧操纵杆的接管按钮将重置系统。当停用的侧杆释放到空档时,绿灯熄灭。

如果按下机长接管按钮 30 s 或更短时间,或从另一侧操纵杆按钮进行其他输入,则取消优先级,系统返回正常操作。

当自动驾驶接通时,当驾驶舱侧杆的一个接管按钮被激活时,自动驾驶模式可以断开。自动驾驶仪也可以通过在侧杆上施加高于给定阈值的力来断开。

11.3.7 ECAM 指示

当舵面工作时,每个扰流板和速度制动器在 ECAM 指示为绿色,不工作时为琥珀色。驱动飞控的液压系统压力指示通常为绿色,在低压情况下变为琥珀色。升降舵副翼计算机(ELAC)和扰流板升降舵计算机(SEC)参考号通常为绿色,故障时变为琥珀色。副翼位置由白色刻度上的绿色指数指示,如果两个作动器都不工作,它们将变为琥珀色。A320 操纵在ECAM 页显示如图 11 - 53 所示。

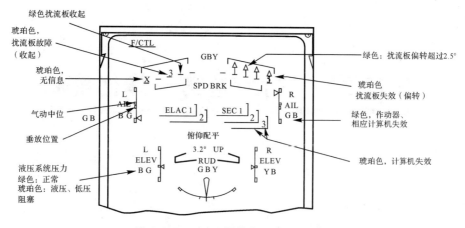

图 11 - 53   A320 操纵在 ECAM 页显示

着陆时,车轮页面自动出现在下部 ECAM 上,并显示地面扰流板状态。升降舵位置由白色刻度上的绿色指数指示,如果其两个作动器都不工作,它们将变为琥珀色。

在绿色和黄色两套液压系统低压的情况下,绿色的俯仰配平位置指示会变为琥珀色。俯仰配平指示通常为白色,当可配平的水平安定面堵塞时,它变为琥珀色。

蓝色、绿色和黄色三套液压系统压力低时,绿色的方向舵位置指示会变为琥珀色。

思 考 题

(1)与波音和空客的干线飞机相比,E190 飞机的特点是什么?

(2)E190 飞机的主飞行控制系统包括哪些部分?

(3)E190 飞机的辅助飞行控制系统包括哪些部分?

(4)E190 飞机的飞行控制系统与哪些飞机系统进行了交联?

(5)波音 777 电传操纵系统主要由哪些部件组成?

(6)空客 320 系列飞机的电传操纵和波音 777 有何异同?

第 12 章　飞行/推进一体化控制

12.1　概　　述

现代先进民机均采用飞行(飞)/推进(推)一体化控制技术对飞机系统进行控制,以使系统整体性能优化,并提高飞机综合性能,减轻驾驶员负担,从而最终提升航空公司运营效率。

传统飞机设计和系统集成过程中,发动机控制、进气道控制、飞控等系统的设计过程均忽略了这些系统间的耦合作用,并在集成前独立设计各个子系统。然而,实际飞行器是作为一个整体在空中飞行的,并完成指定飞行任务,其各种耦合作用是真实且必然存在的。为了进一步提高飞行性能,设计者必须从整体角度出发考虑飞机各系统设计。例如:飞行姿态变化引起的进气道流场及发动机进气环境变化,致使发动机工作状态发生变化甚至异常,而这种情况下,即使各子系统都处于最优,却不一定能保证飞机整体处于最优状态。鉴于上述传统设计存在的弊端,为了不断提升现代飞机设计性能指标,出现了对一体化设计和一体化控制的需求,并衍生出了相关概念、方案等。

随着信息技术的不断发展,计算机软件、硬件在飞机系统深入应用,计算机技术的快速发展及高速数据通信传输技术的进步,有效解决了飞机上大量应用传统电缆带来的质量不可控及抗干扰能力下降等问题。一体化控制技术能够很好地协调各个子系统的性能,进而使飞机整体性能得到优化,降低飞行员操作负担,极大地增强飞机性能。

发动机无论对于军机还是民机而言,都处于核心地位,其安全可靠运行对于保障飞行安全具有非常重要的意义。如何将发动机控制和飞行控制耦合,在发动机可靠性下降甚至失效情况下完成飞行安全操作更是一个所有航空研发设计制造企业都面临且必须解决的问题。事实证明,飞行/推进一体化控制的确可以极大程度地降低空难损失。

综上,各大民机及发动机生产厂商都开始关注使用飞行/推进一体化控制方法,来解决紧急情况下飞机的可靠性问题,并提升飞行性能。

1974年5月,赖特·帕特森空军基地的 B-52 事件,便是由飞机减速板和航空发动机的推力控制组合实现飞行/推进一体化控制,来完成在垂尾和平尾皆失效情况下的飞机俯仰应急控制并实现迫降,挽救了全部机组成员。B-52 飞机如图 12-1 所示。

1975年,南越西贡 C-5 运输机事件中,飞机在空中发生机体结构损坏、机舱失压及液压系统损毁等故障,机组仅靠运输机单侧副翼和扰流板与其大涵道比涡扇发动机推力控制组合,就完成了俯仰及滚转控制,进而成功操纵飞机从 7 km 高度下降到 1.2 km 高度,且在进近过程中,机体振荡及下降率剧增,最终控制机体以较好姿态坠毁,挽救了运输机上大量人员生命。C-5 飞机如图 12-2 所示。

图 12-1　B-52 飞机

图 12-2　C-5 飞机

1989 年 7 月,在美联航 DC-10 客机事件中,由于成功实施 TOC 控制(Throttles Only Control,一种飞行/推进一体化的具体方法),使机组人员能够在控制飞机作动面的 3 套液压系统全部损坏、2 号发动机停转的重大故障的情况下,将该飞机从 11.3 km 高空迫降于地面,机上大部分人在这次事故中幸存。DC-10 飞机如图 12-3 所示。

图 12-3　DC-10 客机

2003 年,DHL 公司的 A300B4-203F 货机在巴格达机场遇袭,飞机被肩扛式地空导弹击中,引起左翼燃油管线着火,并造成机上全部液压系统损坏,飞行员凭借仅存的右侧发动机,成功实施了 TOC 控制,使货机在迫降前继续飞行了 16 min,最终凭借 TOC 控制争取来的时间,在大侧风不良条件下,以 555 km/h 的速度载着所有机上人员安全降落。该飞机成为民航历史上,首架成功地依靠 TOC 系统,在大故障情况下实现安全降落的大型民用飞机。A300 飞机如图 12 - 4 所示。

图 12 - 4 A300 飞机

12.2 飞行/推进一体化发展历程

历史经验表明[20-21],飞/发一体化(飞机/发动机一体化,也称动力装置集成设计)对于飞机整机设计指标实现有着决定性影响。

1962 年,美国通用动力公司 Convair 990 飞机(见图 12 - 5)研制过程的飞行试验表明,该飞机实际巡航性能偏离了设计目标,险些造成整个项目下马,后经过重新对机翼/发动机集成优化设计,飞机实现了预期的性能指标,保障了该型号的最终完成。

图 12 - 5 Convair 990 飞机

在 1991—1992 年间,由于发动机飞行中意外脱落,两架波音 747 飞机坠毁,其中一架为747 - 2R7F/SCD 型全货机(见图 12 - 6)。对此,美国联邦航空管理局(FAA)于 1995 年 6 月颁发适航指令,强制要求对涉及机型吊挂结构进行设计更改,共涉及 1 000 余架飞机。

2000 年,A380 飞机(见图 12 - 7)启动用户提出需要飞机满足严苛起飞噪声等级机场运行的要求的研发工作,使得 A380 飞机研制进度进一步延长,在一定程度上影响了该飞机的交付客户。

　　当前,以波音、空客为代表的民机制造商越来越重视发动机与整机集成设计与制造环节,对于短舱、吊挂等部件的制造理念已经由供应商外包策略转为主制造商-供应商联合工作模式,并在项目启动伊始便全面掌控从部件接口设计到一体化集成的流程。例如,主流宽体客机B787(见图 12-8)与 A350 XWB 的短舱和吊挂部件便由飞机制造商为主设计完成。

图 12-6　波音 747-2R7F/SCD 型全货机

图 12-7　A380 飞机

图 12-8　B787

12.3　飞行/推进一体化技术

　　动力装置集成设计,也称飞机/发动机一体化设计工作,是将发动机、短舱、吊挂与机翼一起经过权衡分析、设计优化和反复迭代,最终从整机角度得到最优化动力装置装机构型的设计与装配过程,其技术水平直接影响着飞机整机性能指标的实现。

飞/发一体化从本质上讲是一个飞机本体(飞控)和发动机系统相互协调的设计过程,既不追求隶属于发动机的短舱与吊挂等部件具有各自最佳的气动特性,也不强调结构设计中过多的强度裕度和空间,而是在上述各部件设计与集成之间进行协调,使每个部件与全机系统的约束边界能够得到最大化满足。

12.3.1 飞/发一体化技术优势

飞/发一体化技术可以显著减少燃油消耗,节约运营成本,理所当然受到制造商、航空公司广泛重视。飞/发一体化关联产业如图 12-9 所示。

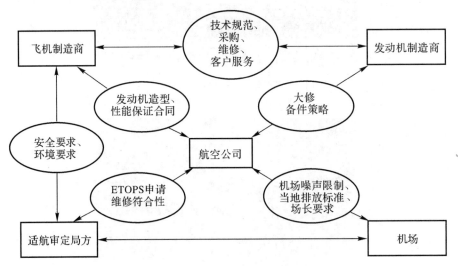

图 12-9 飞/发一体化关联产业

飞/发一体化的主要目的是在满足飞机系统需求、操稳特性、结构强度和安装尺寸等约束下,寻找可实现气动阻力最小的短舱-吊挂-机翼三者通过接构型。从发动机选型开始,该工作综合了短舱与吊挂设计、气弹分析、载荷振动计算、机体噪声估计等环节,最终连对不同短舱装机位置的飞机气动阻力计算和风洞试验来得到动力装置的最优装机构型。

对于民用飞机,其飞/发一体化程度的高低,对飞机运营经济性有着非常重要的影响。经过全面优化的飞/发一体化设计,可以降低整机气动阻力约 2%~4%,进而极大地减少飞机燃油消耗,节约航空公司运营成本。以 A340 为例,其气动阻力每降低 1%,可增加 800 kg 旅客商载,或每年节省 300 多万元的使用成本,这个收益对于航空公司而言是显而易见的,可以带来近千万元的额外年度收益。

此外,随着国民和国际上对环保噪声的逐步重视和敏感,国际民航组织(ICAO)对发动机排放和噪声的要求日益提高,通过飞/发一体化设计也能满足 ICAO 对于飞机噪声适航规定以及其他地区噪声限制的强制要求。近年来,世界各大飞机制造商都将飞/发一体化技术作为重点研发问题,并持续投入人、物、财力进行研究。

在飞/发一体化实际设计工作中,飞机制造商、发动机制造商、适航局方、航空公司和机场运营对其关注点都有着具体和不同的要求。其中飞机制造商负责发动机、短舱的选型与系统级安全分析,发动机制造商提供产品采购、维修和适航取证支持,适航审定局方对特定功能颁发许可,机场则提出噪声和排放方面的运营要求。而航空公司作为最终用户和购买方,则通过采购从而获得这些技术给飞机系统带来的收益。

12.3.2　飞/发一体化难点

由于飞/发一体化在具体设计实现过程存在各种约束和难点,其实现并非如此简单[17]。在飞/发一体化工作中,短舱与吊挂在机翼上的位置将受到不同机型多个安装参数的制约,其最终结果需要发动机运行要求、气动阻力、结构重量等因素的综合协调。短舱与机翼相对位置和角度的选取需要考虑起落架布置、离地高度、前起折断保护、侧风起降、发动机溅水等因素(这个一体化设计问题的反例即737MAX最终所带来的一系列问题),并采用前伸量、下沉量等多个参数对短舱展向和轴向等进行描述。经验表明,双发飞机发动机短舱一般位于32%～38%机翼半展长处,当安装位置外移时,有利于降低翼根弯矩、提高离地间隙,但偏航力矩增大,将会影响空中、地面和着陆进场最小操作速度的选取。

在发动机外侧展向位置和下沉量的选择中,另一个考虑因素为飞机的侧风起降要求是否得到满足。根据CCAR-25部要求,运输类飞机应具备在不超过25 kn的侧风情况下起降的能力,而短舱安装位置的外移有利于实现更高的侧风要求。短舱安装前伸量和最内侧展向位置的选取还需要确保货舱门、应急滑梯在释放时不会和短舱前缘发生干涉,同时要保证足够的起落架存储空间。随着现代发动机涵道比和风扇直径的不断增大,短舱直径和长度相应增加,在满足一定短舱后缘位置范围的前提下,如何保证应急滑梯具备足够的释放空间成为了设计者需要思考的问题。此外,短舱布置需要保证地面进行发动机更换时给拖车预留足够操作间隙,并在过站时留给勤务车充足操纵空间,否则容易造成对翼根整流包或短舱前缘部位的损伤。发动机选型影响因素如图12-10所示。

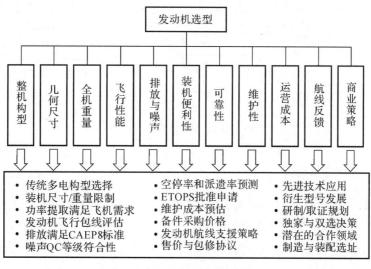

图 12-10　发动机选型影响因素

12.4 飞行/推进一体化控制的基本架构

飞行子系统和推进子系统[19-21]作为所有飞机必不可少的部分,二者关系并不像传统的系统设计中那样是相互独立的,实际上二者之间存在紧密、复杂的耦合关系。飞行/推进一体化设计便是在充分考虑二者耦合作用基础上,建立既能够反映系统本质,又能保证系统结构简单的。

例如,飞行高度、马赫数、迎角、侧滑角等飞行状态,以及进气道压力分布等,都对发动机工作情况有很大影响,进而影响推进系统产生的推力及推力矩;反之,发动机推力,推进系统的推力及推力矩发生改变,也会造成飞机整体的气动力和力矩变化,最终反过来对马赫数、高度及姿态等产生影响。上述推进系统与飞行系统之间复杂的耦合作用,周而复始相互向前演进,决定了飞行系统和推进系统之间耦合作用的复杂性。

12.4.1 推进子系统

发动机控制系统主要由如下五大模块组成[21]:电子控制器模块,执行机构模块,油泵系统模块(包括燃油和润滑油),燃油计量装置模块,传感器模块。推进控制系统结构如图12-12所示。

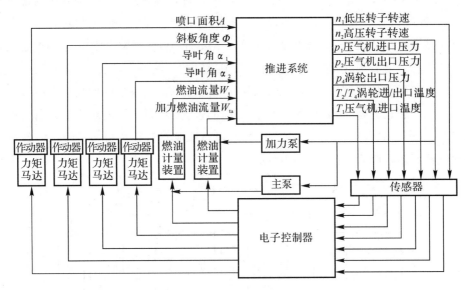

图 12-12 推进控制系统结构

12.4.2 飞推综合原理

飞控和推进控制综合,其目的是期望通过综合考虑舵面、推力等形成一个更完善的飞机运动控制系统。该系统将成为一个综合和智能的中间环节:驾驶员将操纵指令送往该综合系统,系统综合各方面信息,形成对飞行控制执行器、发动机的各种控制能力,以达到驾驶员期望的操纵要求。其中实现控制飞机运动所采用的手段,根据飞行状态及任务要求不同而有所不同,可能使用主要常规三舵面,也可能采取辅助气动舵面,还可能使用其他手段,如推力大小、反推等,甚至通过调节如发动机供油量、进气量、尾喷管等发动机参量,以实现控制目标。实现这些功能的系统即飞推综合控制系统。

从理论上来讲,不同于传统飞行控制系统,飞推综合控制系统不再以俯仰、滚转、偏航 3 个通道作为设计中心,它的控制实现将按飞机的三轴气动力、力矩来进行综合考量和实施。系统根据驾驶员控制指令及增稳阻尼等要求,得到所需产生的、期望的三轴气动力、力矩,再结合这些期望值大小、时间响应、当前飞行状态,并根据当前可用控制部件特性、各控制部件状态等,综合使用上述各控制部件,以最小的能量消耗达到调整飞机运动状态的目的。

对这一综合系统进行性能评价,可以从其任务性能方面开展,包括起飞着陆、航线飞行等任务。着陆任务考虑精度、距离、垂直接地速度、对风干扰的反应等;起飞任务考虑距离、油耗、爬高时间等;航线飞行任务考虑航程、航时和航迹精度等。除此之外,发动机瞬态性能、推力控制响应、发动机循环/燃油消耗以及故障容错能力也是各个任务阶段需要考虑的。

图 12-13 给出了传统飞行控制和推进控制的交联工作方式[20-21]。飞控和发控都是根据飞行状态而调整其控制律,两者相互独立,并且不考虑任务阶段信息。例如,飞控以配平点马赫数、高度控制能力进行设计,而不会考虑巡航时阻力最小或发动机工作状态等;而发动机也以设计工作点的均衡性能为准则,设计其发动机控制律而不会考虑该点的喘振裕度或巡航时耗油或飞控系统的工作状态。

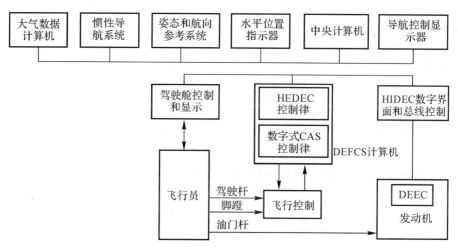

图 12-13 传统推进与飞行控制系统交联方式

而两者的综合控制过程,因为将发动机纳入整体控制范畴,就可以使发动机控制系统得到更多的任务阶段、飞行状态等信息,也就可以更好地调节飞行控制及推进控制律,提高飞机的整体性能。飞行/推进综合控制系统能够根据飞机任务阶段的不同,而对整体稳定性和飞机机动操作等要求,以及不同的 H,Ma,α 等状态对应的气动舵面和发动机的控制操作效率,来设计气动舵面和发动机控制律,使二者互为补足,以期达到与机动性、稳定性相对应的最优操作。

随着发动机技术的发展,其可控参数变得越来越多,这么多的参数若都由推进一体化控制系统来整体实现控制的话,将会使综合控制系统过于复杂。为了解决这个问题,通过原本的飞行/推进一体化控制系统下,再划分一个可以与飞/推一体化控制系统进行高层次信息通信的发动机控制子系统。该发动机控制子系统与现有发动机控制系统的不同之处在于,能通过与上一级综合控制系统的信息通信,得到飞机对于推力、喘振裕度等发动机工作状态要求,而采取相应的控制规律来对发动机、进气道等进行调节和控制。飞行/推进综合控制系统如图12-14所示。

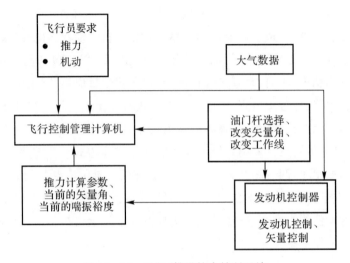

图 12 - 14　飞行/推进综合控制系统

思　考　题

(1)现代先进民机为什么要采用飞行/推进一体化控制技术?
(2)试着阐述一下飞行/推进一体化的发展历程。
(3)试着阐述一下飞行/推进一体化控制的基本架构。

第 13 章　飞行管理系统

13.1　飞行管理系统概述

进入 20 世纪 70 年代后,石油危机等多种因素叠加,使得燃料价格大幅度上涨;通货膨胀造成人员费用及其他费用增加,飞机直接运营成本(Direct Operation Cost,DOC)急剧增加。这迫使研发人员寻求从发动机设计使用、飞机整体等不同角度去解决经济飞行问题。而从整体飞行角度出发,通过飞机性能管理,选择最经济飞行轨迹成为考虑的一个方面。

同时计算机技术、其他电子技术和现代控制理论的发展使飞行管理系统的实现成为可能,通过各种最优算法使飞机轨迹优化也成为可能,而高性能计算机又使这些优化过程得以实现。随着这些技术的推动和现实需求的推动,飞行管理系统(Flight Management System,FMS,简称飞管)在现代民用大型客机上应用越来越广泛。FMS 的引入,使得飞行更加经济、节省;根据实际飞行试验,使用 FMS 以后,还在很大程度上提高了飞行安全。

首先 FMS 的引入,通过输出控制值的良好控制使得飞机的稳定性更好;其次 FMS 的引入,大大减少了飞行员的工作负担,即属于机械重复的工作,这些机械重复工作由计算机来完成,最大化发挥了计算机的优势,而不会因为飞行员疲劳而出现差错,同时也将飞行员解放出来去做其他高级顶层管理和决策工作。

飞行管理系统首次安装在 1981 年 12 月试飞的波音 767 型飞机上。后来,在 1982 年 2 月试飞的波音 757 型飞机以及其后的其他各型现代飞机上,也都安装了 FMS。飞行管理系统输入界面如图 13-1 所示。飞行管理计算机,如图 13-2 所示。

图 13-1　飞管输入界面

图 13-2　飞行管理计算机

13.2 飞行管理系统基本构成

现代飞机上 FMS[22] 是一个由许多计算机、传感器、无线电导航系统、控制板、电子显示仪表、电子警告组件以及执行机构联系起来的大设备系统。典型的 FMS 主要是由四个分系统组成的,如图 13-3 所示,即飞行管理计算机系统(FMCS),惯性基准系统(IRS),自动驾驶/飞行指引仪系统(AFCS),自动油门(A/T)。FMCS 在其中扮演着重要角色,是系统的中枢。

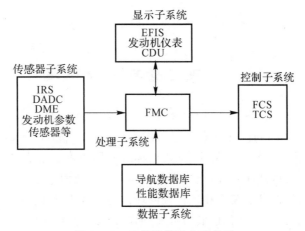

图 13-3 飞管计算机交联关系

FMCS 由飞行管理计算机(FMC)和 CDU 组成。FMC 一般安装在飞机的电气电子设备舱的设备架上。根据需要,有的飞机上安装一台;而在有的飞机上却装有两台,一台主用,一台备用。为便于操作使用,CDU 都安装在驾驶舱靠近正、副驾驶员的中央操纵台的前方。CDU 如图 13-4 所示。

图 13-4 CDU

IRS 好像是 FMS 的一个大传感器,它向系统提供飞机的位置、姿态等数据信息。这个系统由两台或三台惯性基准组件(IRU)、方式选择板(MSU)和惯性系统显示组件(ISDU)等组成。IRU 是装有激光陀螺的部件,安装在电气电子设备舱里。MSU 和 ISDU 连在一起装在驾驶舱头顶设备板上。飞行员可以通过 MSU 选择 IRS 的工作方式:导航、姿态、校准和关闭。其上也有校准和故障信息的信号显示。ISDU 上装有显示选择电门,左、右显示窗和字母数字键盘等。飞行员可在上面选择显示飞机的位置经纬度、航向、风向、风速等数据,也可通过键盘对惯性基准系统进行起始校准。

AFCS 是 FMS 的操作系统,它对自动驾驶、飞行指引系统、高度警戒、速度配平、安定面配平、马赫配平等提供综合控制。AFCS 由飞行控制计算机(FCC)、方式控制板(MCP)以及一些其他部件组成。FCC 接收来自飞机各传感器的信号,根据要求的飞行方式对这些信号进行处理,并产生输出指令去操纵副翼、安定面、升降舵等控制翼面。MCP 安装在正、副驾驶员正前方的驾驶舱遮光板上,它提供飞行员与 AFCS 之间的联系。飞行员通过 MCP 进行自动驾驶衔接控制、工作方式选择控制以及与自动驾驶、飞行指引和 FMCS 有关的控制数据的选择等。要说明的是,自动油门的控制也在其上进行。

自动油门系统(A/T)的自动油门计算机,接收来自各传感器和 MCP 上的工作方式和性能选择数据,把它们进行运算处理,输出操纵指令到油门机构去。油门机构主要由伺服电动机和油门杆组成,它执行操纵指令,把油门杆置于恰当的位置。

13.3　FMS 的功能

飞机装上了 FMS 后,实现了全自动导航,不但大大减轻了飞行员的工作负担,提高了飞机操作的自动化程度,更主要的是 FMC 能提供从起飞到进近着陆的最优横向飞行和垂直飞行剖面。飞机可以在 FMS 的控制下,以最佳的飞行路径从起飞机场飞到目的地机场,以最佳的飞行剖面、最省燃油的方式飞行。这种优化功能体现于 FMS 的导航、制导和显示功能之中。

FMS 在飞行各阶段的功能:

(1)起飞

根据飞行员在起飞准备阶段通过 CDU 所输入的飞机全重和外界温度,FMC 进行计算,为飞机提供最佳起飞目标推力。这个起飞目标推力使飞机在规定时间内达到起飞速度,不会损伤飞机发动机。

(2)爬升

根据飞行员的选择和 FMC 确定的目标推力和目标速度,FMS 提供最佳爬高剖面,也就是在规定的爬高速度和规定的发动机推力下,以最佳爬高角度到达规定的高度。FMC 还根据情况向飞行员提供分段(阶梯)爬高和爬高顶点高度的建议,供飞行员选用。这些建议一旦实施可使飞行进一步节省燃油。

(3)巡航

FMS 根据航线长短、航路情况等选定最佳巡航高度和巡航速度。在飞行的两机场之间采用大圆弧路径,结合无线电甚高频导航获得最优巡航飞行。采用大圆弧路径使两点之间的飞行距离最短。

(4)下降

FMS 根据飞行员输入或储存的导航数据确定飞行开始下降的顶点。飞机在下降阶段时,由 FMS 确定下降速度,最大限度地利用飞机的位能,节省燃油消耗。

(5)进近

FMS 在下降结束点,在既定高度、确定航距上,以优化速度引导飞机到跑道入口和着陆点。

　　FMS 以最佳飞行路径操纵飞机,不但安全、可靠,而且使飞机节省了燃油,缩短了飞行时间,大大降低了飞行成本。飞机爬高、巡航、下降的最低成本飞行剖面的计算,是基于操作者输入的待飞航线、巡航高度、飞机总重、成本指数、阻力因素等数据进行的。

　　将 FMS 在飞行各阶段功能综合,则 FMS 的主要功能如下:

　　1)性能管理:主要对飞机的垂直飞行剖面进行控制。一般把总的飞行剖面分为爬升、巡航和下降三个阶段。根据发动机参数、飞行参数和大气条件等,在飞行计划或空中交通管制(ATC)限定的范围内,对每个飞行段及飞行计划的全过程进行计算,得出在某一性能指标下的最优飞行剖面。

　　2)导航:接收来自无线电导航系统的位置及速度输入,经过最优处理后决定飞机的横向位置。

　　3)导引计算:横向导引主要是根据飞行来计算地面轨迹。纵向导引则用于计算垂直剖面内的最优飞行轨迹,并把计算结果以指令形式送给 AFCS。

　　4)数据显示:给飞行员显示有关飞机的动态数据。

13.4　FMS 的接口

　　FMC 连接到其他航电子系统上;①内部数据,包括导航数据库、性能数据库和运行程序都存储在 FMC 中。②FMC 从 CDU 和导航传感器接收外部输入,然后基于内部数据进行计算和比较。③FMC 向飞机上的 FCS 和显示系统传送输出以管理飞行。飞行管理系统接口关系如图 13-5 所示。

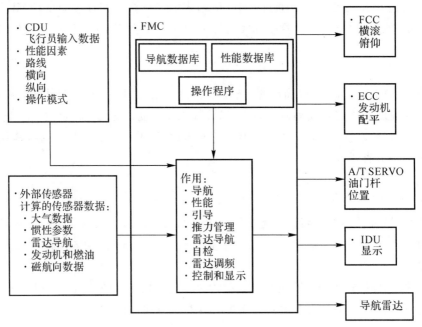

图 13-5　飞行管理系统接口关系

（1）FMS 内部数据

飞机的基本性能是 FMC 中的程序软件,作为内部数据存储在 FMC 中。内部数据包括导航数据库、性能数据库和运行程序以及推力管理功能。

1）导航数据库决定路线的选择。它包含的数据,如飞机场、程序、航路点和导航台等。导航数据库只在一个特定的时间段内是有效的。在这段时间过后,一个新的导航数据库必须重新输入 FMS 中。当飞机停在机场的时候,可以通过外部便携数据输入器向 FMS 内输入新的导航数据库。

2）性能数据库决定飞机的动态运行。最大值、最小值由飞机设计所决定。

3）运行程序决定使用哪个传感器来计算以及如何计算。它也为 AP 和 A/T 选择横向和纵向剖面提供指令。

4）推力管理系统的作用是提供推力极限指令、自动油门伺服控制和推力模式信号。

（2）FMS 输入数据

FMS 输入来自于 CDU 和外部传感器:

1）CDU 允许飞行员通过这一接触面为了飞行前、飞行中、数据显示、模式信息和其他要求来影响 FMS。

2）外部传感器为计算飞机横向和纵向的位置提供数据。导航传感器是连接到 FMS 的主要的传感器。一般,主要的短周期传感器有 ILS、VOR/DME 和 DME/DME;长周期传感器有 GPS 和 IRS。

（3）FMS 输出数据

FMS 输出导航指令通过 FCC 改变控制面的移动。FMS 为发动机电子控制(ECC)的发动机配平提供推力配平指令。它同时为综合显示系统的显示和飞行员监控提供推力配平指令信息。导航波段也是由 FMS 调频的。

13.5　FMS 导航管理原理

导航就是有目的地、安全有效地引导飞机从一地到另一地的飞行横向控制过程。导航要从起飞机场开始,根据要飞抵的目的地选择航向;确定离目的地或某个要飞越的航路点的距离;预定到达时间;确定速度;等等。

无论什么样的导航系统都需要解决的三个主要问题是:如何确定飞机当时的位置;如何确定飞机从一个位置向另一个位置前进的方向;如何确定离地面某一点的距离或速度、时间。

飞机上由于装载了许多由计算机所组成的控制装置,可以使操纵指令传输到 AFCS 和 A/T。速度指令输送到 A/T,产生飞机轴向加速度以达到事先确定的飞行速度。

输送到 AFCS 的指令有的产生横向加速度以改变飞机的航向,有的产生垂直加速度以使飞机爬高或下降。在整个飞行过程中,自动操纵飞机由起飞机场以预定航线、以经济的方式飞向目的地。

飞机在起飞以前只要把飞机当时所处的经纬度通过 CDU 或直接通过 IRS 控制显示装置输入到 IRS 的计算机去,整个系统就开始工作了。

飞机起飞以后,无线电导航系统开始工作,并和 IRS 的信号相结合,一直到飞机降落到跑道上。在整个飞行阶段,都有 FMS 进行计算、操纵,并在有关的显示设备上给飞行员指明飞机当时所处确定位置、飞机速度和飞机飞行高度等飞行动态数据。

13.6 FMS 性能管理原理

导航的功能是确定飞机当时所在的位置,负责飞机的飞行横向剖面的飞行管理,引导飞机按预定的航线飞向目的地。飞机的飞行纵向剖面管理,亦即飞机飞行的高度、速度、爬升、下降、爬升和下降的速率等。

飞机沿着预定航线飞行,飞行纵向剖面参数,如速度和高度等是决定飞行经济成本的重要参数。飞机起飞后,爬高速率、以多长时间爬到预定高度、巡航高度、速度、能否分段爬到更高的巡航高度、什么时候开始下降、下降速率为多少等,关系到飞机飞行预定航线所需飞行时间、需耗燃油的问题。

飞行员在 AFCS 控制板上按压"V NAV"电门后,飞机的纵向剖面就可由 FMC 控制。

飞行员若在 AFCS 控制板或 CDU 上选择了一些参数,FMC 即根据选择数据计算其飞行的纵向剖面,这个纵向剖面满足飞行员选择参数的要求。

飞行员若没有选择特定的参数要求,FMC 就根据飞行员在 CDU 上输入的飞行成本指数,计算最佳纵向飞行剖面参数。这些参数通过 FMC 的 CDU 和 EFIS,分别在 CDU 和 EFIS 上显示。一些参数输出 FMC 导航参数,产生制导指令输出给自动驾驶系统和自动油门系统,操纵飞机沿着计算的纵向剖面飞行。

性能数据计算重复率根据各参数的性质而有所不同,FMC 区分它们的轻重缓急并分别处理。对于当时正在飞行的航段以及下一个即将飞行的航段,计算 5 s 完成一次。而对于其他的航路段的计算则 5 min 进行一次。在爬高阶段中,飞机在到达 AFCS 控制板上所选定的高度以前,以及在下降阶段中,飞机降到 AFCS 控制板上所选定的高度以前,性能数据的计算都是 5 s 进行一次。其他所有的性能计算、性能预告信息都是以 5 min 一次的重复率进行。

思 考 题

(1)飞行管理系统技术出现的驱动来源于何处?
(2)飞行管理系统主要由哪几个模块构成?
(3)在不同飞行阶段,飞行管理系统主要的功能分别有哪些?
(4)与 FMC 连接的内外部系统包括哪些?

第14章 典型民机飞行管理系统

14.1 波音 737NG 飞行管理系统

14.1.1 概述

飞行机组使用飞行管理计算机系统[23](FMCS)输入一次飞行航路和垂直性能飞行计划数据。利用飞行计划和来自飞机传感器的输入,FMCS 实施下列功能:导航功能,性能功能,制导功能。飞行管理系统功能如图 14-1 所示。

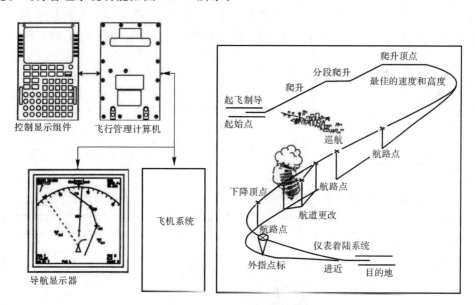

控制显示组件　　飞行管理计算机

导航显示器

飞机系统

爬升顶点
分段爬升
爬升　　　最佳的速度和高度
起飞制导
起始点
巡航
航路点
下降顶点　航路点
航道更改
航路点
仪表着陆系统
外指点标　进近　目的地

图 14-1 飞行管理系统功能

(1)导航

导航数据库在 FMC 存储器中。它包括运营区域的导航数据。飞行员可以使用导航数据库在飞行之前设置整个飞行计划。在飞行期间,FMC 可以使用惯性基准功能和无线电导航台(如果可用)来计算飞机的位置。FMC 也可以使用全球定位系统(Global Position System,GPS)来计算飞机的位置。FMC 将计算的位置与飞行计划比较作为 LNAV 控制。FMC 在导航显示(页)上显示计算的位置和飞行计划。

(2)性能

在 FMC 中的性能数据库包含形成飞机和发动机的模型数据,机组需要输入性能数据库的参数包括:飞机总重,巡航高度,成本指数。

FMC 使用该数据计算经济速度、最佳飞行高度、下降顶点等。

通用显示器系统(Common Display System,CDS)显示目标速度和高度。

(3)制导

FMC 将指令传送到数字式飞行控制系统和自动油门(A/T)。DFCS 和 A/T 使用这些信号在飞行的横向(LNAV)和垂直(VNAV)方式中控制飞机。飞行管理计算机系统(FMCS)用自动的飞机导航、性能和制导功能,控制、减轻飞行机组的工作负荷。它还提供了对其他系统 BITE 功能的使用。FMC 从其他飞机系统接收数据来计算导航和性能数据。这个数据显示在通用显示器系统上供飞行机组使用。导航和性能功能也送到数字式飞行控制系统和自动油门系统以在垂直(VNAV)和水平(LNAV)方式中都能提供飞机飞行路径的自动控制。这是 FMC 的制导功能。FMC 显示器数据直接送到 CDS,当前位置数据直接送到大气数据惯性基准组件(ADIRU)。ADIRU 在校准期间使用当前位置。所有的其他数据通过两个转换继电器送到使用者系统。FMC 的输入和输出数据格式为 ARINC429 数字数据和模拟离散(值)。飞管计算机交联关系如图 14－2 所示,相关设备在驾驶舱和电子设备舱的布局如图 14－3 和 14－4 所示。

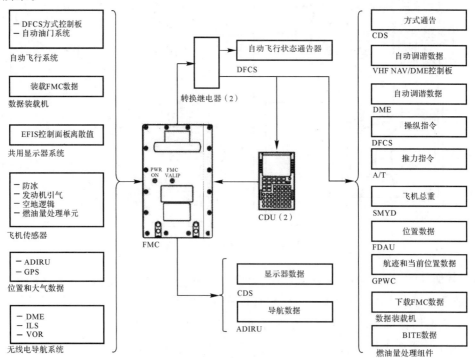

图 14－2　飞管计算机交联关系

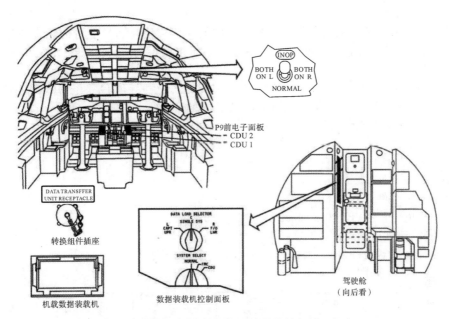

图 14 - 3 飞管在驾驶舱操纵的部局

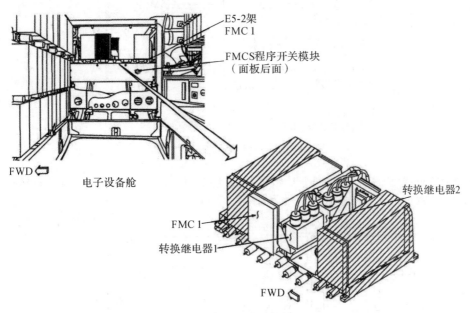

图 14 - 4 飞管在电子设备舱的部局

14.1.2 数字接口信号

向 FMCS 提供数据的航线可更换组件（Line Replaceable Unit，LRU）包括：VOR/MB（指点标），MMR（多模式接收机），DME。

（1）VOR/MB

VOR1 和 VOR2 接收机提供由飞行机组人工调谐的 VOR 上的方位和频率数据。FMC使用该数据作为在 VOR / DME 方式时 FMC 位置的更新。该方式的有效距离长达 25 n mile。

(2)ILS/GPS/MMR

统模式提供由机组人工调谐的 ILS 接收机的航向信标偏离和导航台的频率数据,使用该数据作为在最后进近期间的 FMC 的位置更新。GPS 接收机向 FMC 提供纬度、经度、时间等。

(3)DME

DME1 和 DME2 询问器提供由 FMC 自动调谐的斜距和导航台频率的数据。若 GPS 有效,则时钟来自于 GPS。若无效,可用 CDU 设定时间并计算。

向 FMCS 发送数据的部件包括以下几项:

1)DFCS MCP 数字式飞行控制系统模式选择板;

2)A/T 自动油门;

3)ADIRU;

4)显示电子组件(Display Electronic Unit,DEU);

5)发动机电子控制(Engine Electronic Control,EEC);

6)APU 发动机控制组件(ECU);

7)燃油量处理器组件(Fuel Quality Processer Unit,FQPU)。

相关、接口关系如图 14-5 所示。

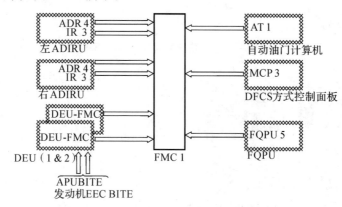

图 14-5 飞管计算机接收的数据源

在 FMC 总线 01 和 02 上的 FMC 数据直接送到 ADIRU。其他使用系统通过转换继电器获得该 FMC 数据。其接口如图 14-6 和图 14-7 所示。

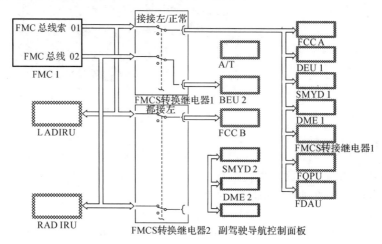

图 14-6 飞管计算机数字式输出接口 1

在总线 08 和 09 上的 FMC 数据直接送到 DEU。其他使用系统通过转换继电器获得该数据。

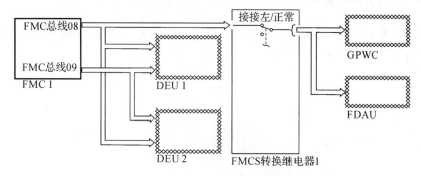

图 14 - 7　飞管计算机数字式输出接口 2

FMCS 和 CDU 接口关系如图 14 - 8 所示。

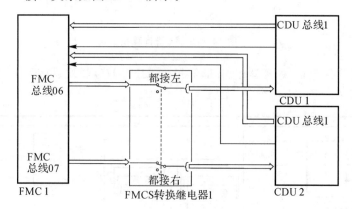

图 14 - 8　FMCS-CDU 接口

14.1.3　模拟接口信号

电门和活门的模拟离散信号输入 FMCS，主要提供发动机引气的数据。FMCS 使用这些信号来计算发动机的 N1 限制。FMCS 模拟接口关系如图 14 - 9 所示。

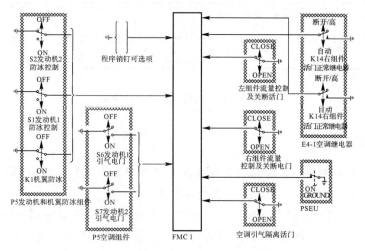

图 14 - 9　FMCS 模拟接口信号

14.1.4 飞行管理计算机

飞行管理计算机 FMC 使用来自飞机传感器和存储在 FMC 中的数据来为飞机的导航、性能和制导进行计算,如图 14 - 10 所示。

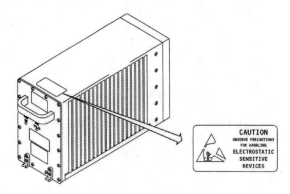

图 14 - 10 飞管计算机

FMC 的主要部件包括:处理器板、存储器板、ARINC I/O 模块、电源。飞管计算机功能模块如图 14 - 11 所示。

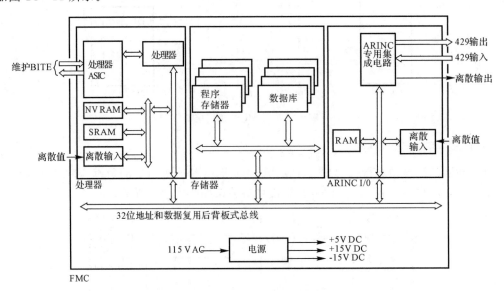

图 14 - 11 飞管计算机功能模块

14.1.5 控制显示组件

飞行机组使用控制显示组件输入飞行数据并选择显示及工作方式,也可以使用 CDU 做 ADIRU 的校准,并用 CDU 对 FMCS 和其他系统进行测试。

LCD CDU 具有下列分组件:低压电源、后连接头滤波器组件、处理器和接口电路板组件、LCD(液晶显示器)模块、背景灯组件,CDU 部件、内部功能和界面如图 14 - 12~图 14 - 14 所示。

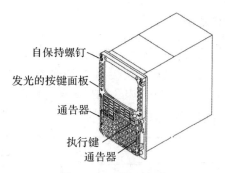

图 14 - 12　CDU 部件

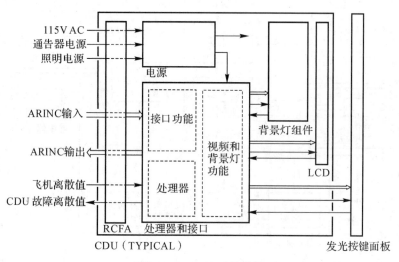

图 14 - 13　CDU 功能模块

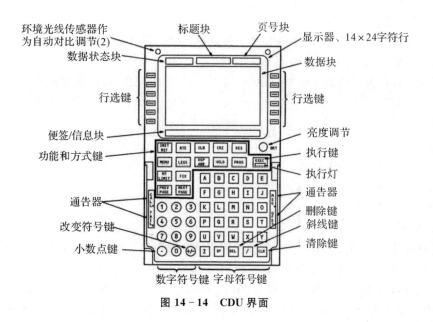

图 14 - 14　CDU 界面

14.1.6 飞行管理计算机功能

FMC 的主要功能包括:导航、性能、制导。其详细功能框图如 14-15 所示。

FMC 的数据来源有:飞行机组、飞机系统传感器、存储在 FMC 存储器中的数据。存储器中的数据包括:操作飞行程序(Operation Flight Process,OFP)、导航数据库、性能缺省数据库、机型/发动机性能数据库、软件选项数据库。

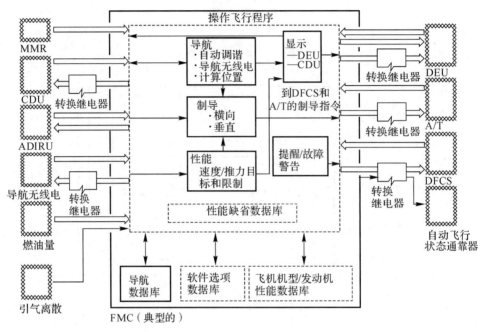

图 14-15　FMC 功能

(1)导航子功能

FMCS 导航子功能计算下列数据:水平位置、垂直位置、实际导航性能(Actual Navigation Performance,ANP)。导航功能如图 14-16 所示。

水平和垂直位置计算的主要数据源是 ADIRU。因为 ADIRU 的数据随着时间而漂移,因此 FMC 导航功能使用来自其他传感器的数据来修正它所接收的 ADIRU 数据。

计算/更新 FMC 位置的传感器和它们被选择的优先级:

1)ADIRU/GPS。

2)ADIRU/DME/DME。

3)ADIRU/DME/VOR。

4)ADIRU/DME/LOC。

5)仅 ADIRU。

导航数据库以两部分存放在 FMC 的 EEPROM 闪存中。有一个活动的数据主体,该数据在一个规定的有效期之前都是有效的并且还有一套作为下一阶段有效性的数据修正。

导航数据库包括:①VOR、DME、VORTAC 和 TACAN 导航台;②航路点;③机场和跑道;④标准仪表离场(Standard Instrument Department,SID);⑤标准终端进场航路(Standard Terminal Approach Route,STAR);⑥程序转弯和等待;⑦等待航线;⑧复飞;⑨进近程序;⑩

进近和离场转变;⑪公司航路结构;⑫终端登机门。

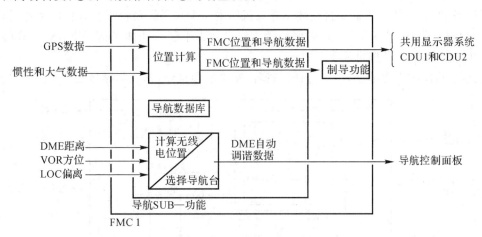

图 14 - 16　FMC 导航功能

(2)性能子功能

性能子功能为空速和发动机推力提供最佳值从而提供最经济的垂直路径剖面。它使用空气动力和发动机模型来完成这些计算。它计算下列数据:速度目标、速度限制、N1 目标、N1限制、飞机总重。性能子功能如图 14 - 17 所示。

FMC 使用下列数据作为性能计算:大气数据、巡航高度、成本指数、燃油重量、发动机引气传感器、机型/发动机数据库。

(3)飞行包络保护

操作飞行程序持续地监控计算的性能目标并将其与飞机的运营极限相比较。如果任何性能目标超过极限,FMC 将限制性能目标到修正的值并维持发动机和飞机都在最佳的性能。

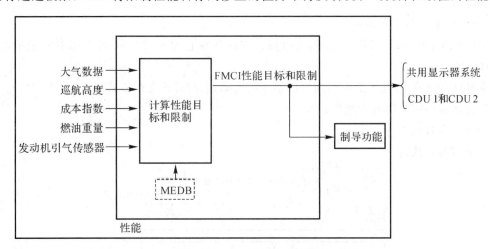

图 14 - 17　FMC 性能子功能

(4)制导子功能

制导子功能为水平和垂直制导功能数据计算并向数字式飞行控制系统(DFCS)和自动油门系统(A/T)提供制导指令。当制导子功能接收到一个激活的航路(水平飞行计划)和一个激活的性能计划(垂直飞行计划)时计算开始。制导子功能如图 14-18 所示。

DFCS 和 A/T 使用该指令自动地制导飞机沿着一个水平的路径飞行并控制空速、垂直速度和 N1 目标/限制。LNAV 方式必须是激活的以使水平制导功能可能,VNAV 方式必须是激活的以使垂直制导功能可能。

制导子功能的主要部分有:飞行计划管理,水平制导指令,垂直制导指令。

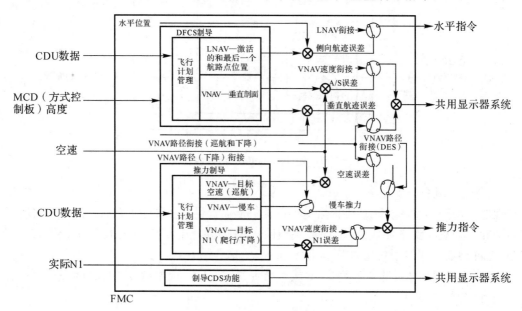

图 14-18 FMC 制导子功能

14.1.7 FMC 运行状态的显示或通告

(1)FMCS 飞行方式通告

DFCS 给出所有的 FMC 飞行方式通告。它们以绿色显示在主飞行显示器的顶部,如图 14-19 所示。

下列这些是在 FMCS 工作期间可以给出的有效的 FMCS 飞行方式通告:

1)自动油门(A/T)方式通告;

2)俯仰方式通告;

3)横滚方式通告。

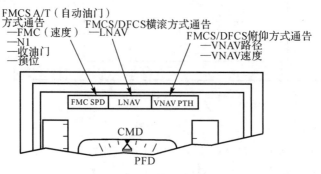

图 14-19 飞行方式通告

（2）推力方式通告

推力方式显示在发动机显示器上，如图 14-20 所示。

1）TO（起飞）

2）R—TO（减推力起飞）

3）CLB（爬升）

4）R—CLB（减推力爬升）

5）CRZ（巡航）

6）CON（持续）

7）GA（复飞）

8）……（没有来自 FMCS 的计算数据）

仅一个推力方式可以显示并且是有效的。

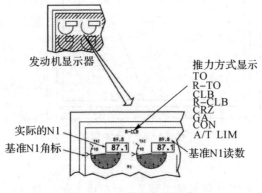

图 14-20　推力方式通告

（3）空速指示通告

起飞和着陆空速游标显示在 PFD（主飞行显示器）速度带指示上。游标可以自动地由 FMC 设置或可由飞行机组使用发动机控制面板上的速度基准选择器人工地选择，如图 14-21 所示。

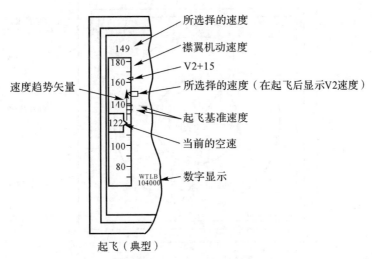

图 14-21　空速指示通告

(4)地图显示

FMCS 以在共用显示系统上显示的地图方式提供导航数据。有两种类型的导航数据，即动态数据和背景数据。动态数据随时间变化，而背景数据是静止的，不随时间变化，如图 14 - 22 所示。

FMCS 将数据格式化并传送数据(FMC 总线 08 和 FMC 总线 09)来显示飞机相对于飞行计划和垂直剖面的位置。CDS 控制符号的颜色、大小和亮度。

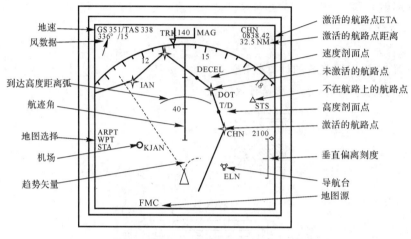

图 14 - 22　地图显示

(5)飞行计划显示

FMCS 的飞行计划在共用显示系统上显示，并提供导航数据。有两种类型的导航数据，即动态数据和背景数据。动态数据随时间变化，而背景数据是静止的，它不随时间变化，如图 14 - 23 所示。

FMCS 对数据进行格式化并发送(FMC 总线 08 和 FMC 总线 09)以精确地显示飞机相对于飞行计划和垂直剖面的位置。CDS 控制符号的颜色、尺寸和亮度。

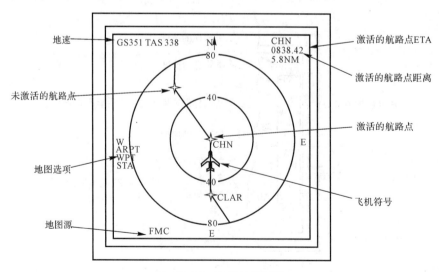

图 14 - 23　飞行计划显示

14.1.8　飞行管理系统数据加载

（1）FMC 数据装载

系统有一个机载数据装载机（Airborne Data Loader，ADL）和一个便携数据装载机（Potable Data Loader，PDL）连接头。数据装载机的功能是经由机载数据装载机实现的。当连接一个便携式数据装载机时，装载机的功能改由便携式数据装载机来实现。FMC 数据装载过程如图 14 - 24 所示。

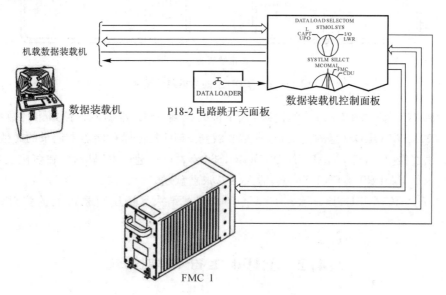

图 14 - 24　FMC 数据装载

（2）CDU 数据装载

CDU 数据装载过程如图 14 - 25 所示。

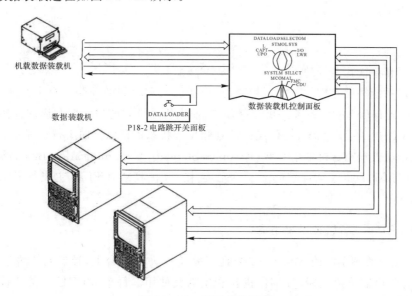

图 14 - 25　CDU 数据装载

在将磁盘放入装载机后,装载过程是自动的,除了更换磁盘外无需进一步的操作。CDU上的数据装载页面如图 14 - 26 所示。

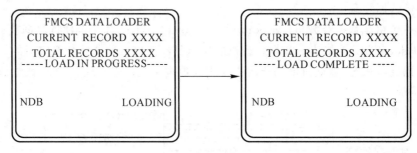

正常装载指示

图 14 - 26 CDU 上的数据装载页面

CURRENT RECORD(当前的记录)显示被装载到 FMC 数据库存储器中的数据库记录号。TOTAL RECORDS(总的记录)显示被装载到 FMC 数据库存储器中记录的总数。

在装载过程中,信息 LOAD IN PROGRESS(装载正在进行中)显示。在多磁盘数据库装载过程中显示 INSERT NEXT DISK(插入下一张磁盘)。

当 LOAD COMPLETE 显示在 CDU 上时,装载结束。按压装载机上的弹射钮以取出磁盘。

14.2 E190 飞行管理系统

E190 飞机的飞行管理系统(Flight Management System,FMS)采用的是由霍尼韦尔公司所推出的 PRIMUS EPIC,该系统高度集成,并为驾驶舱显示和飞行控制系统提供数据,可以提供:

1)飞行计划;

2)飞行导航;

3)飞行性能;

4)数据库和系统冗余管理。

飞行管理系统提供完整的飞行规划能力,包括燃料和时间的预测。整个系统一旦设置完成,FMS 可以向自动驾驶仪系统提供控制输出,使飞机沿计划的横侧向和纵向线路进行飞行。FMS 还向 EDS(电子显示系统)提供飞行计划和飞行状态信息以供向飞行员显示。

所有数据通过航空标准通信总线(Avionics Standard Communication Bus,ASCB)传输至FMS。FMS 与 MCDU(多功能控制显示单元)连接,并接收来自 PFD(主飞行显示器)和数据加载器的输入。

14.2.1 E190 飞行管理系统组成

1)E190 飞行管理系统的 MCDU 安装在驾驶舱中央控制台上,控制台上左、右各有一个MCDU,靠近两边的机组座椅,分别供机长和副驾驶使用。每个 MCDU 均易于操作和识别,且两个 MCDU 是可互换的。

2)数据加载器安装在副驾驶后面的观察员座位上。

3)MAU(模块化航电组件,飞行管理计算模块作为其驻留的程序,在 MAU 中运行)安装在前部和中央 2 电子设备舱。

飞行管理系统的各个部件从以下地方获取电源,如图 14 - 27 所示。

1)FMS1 功能位于 MAU2 的 NIC(网络交换控制器/计算机)处理器模块,从 DC 汇流条 2 (DC BUS 2)获取电源。

2)FMS2 功能(双备份)位于 MAU3 的 NIC(网络交换控制器/计算机)处理器模块,从重要汇流条 1(ESS BUS 1)获取电源。

图 14 - 27 飞行管理系统电源供应

飞行管理系统的主要核心,即飞行管理功能和数据库功能,分别以软件形式驻留在 NIC 处理器模块和数据库模块中,这两个模块安装在如图 14 - 27 所示的 MAU2 和 3 中。功能驻留情况如图 14 - 28 所示。

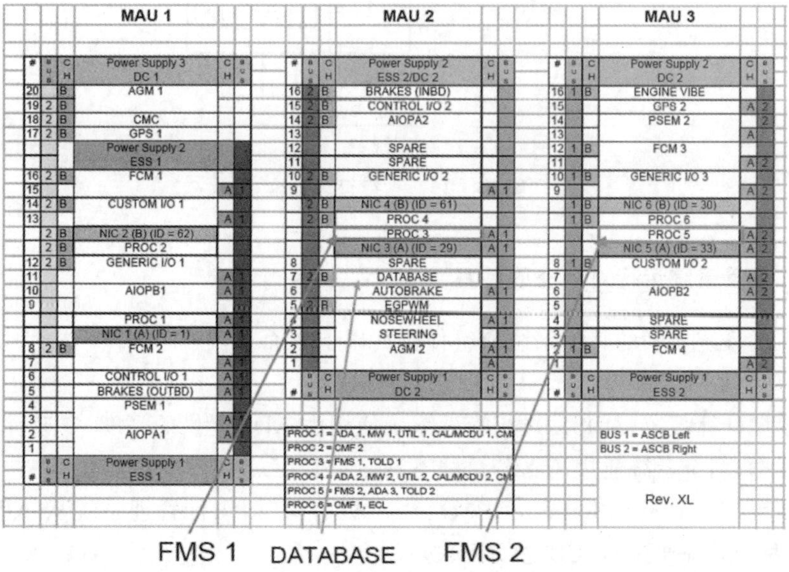

图 14 - 28 飞行管理功能和数据库功能驻留情况

14.2.2　飞行管理系统基本概述

FMS 提供完整的飞行计划功能,包括详细的燃油和时间估计。FMS 向 AFS(自动飞行系统)提供控制输出,使飞机沿横侧向和纵向的计划航路飞行。FMS 还向 EDS(电子显示系统)提供飞行计划和状态数据。利用这些数据,FMS 可以沿着飞行计划计算精确的、远程的 LNAV(横向导航)和 VNAV(垂直导航)。FMS 获取传感器数据,以找到最准确的飞机位置。飞行管理系统软件驻留在处理器模块 MAU2 的 PROC 3(处理器)中。FMS 信号交联关系如图 14-2 所示。

网络接口控制器(NIC)处理器模块和数据库模块驻留在 MAU 中,NIC 提供飞行管理系统和飞机系统局域网(LAN)的相互连接。在此基础上,NIC 用于 LAN 数据到 FMS 的路由器,以完成数据加载。数据库模块用于存储大型数据文件,如 FMS 可访问的导航数据库。备用的飞行管理系统软件驻留在处理器模块 MAU3 的 PROC 5(处理器)中。飞行管理系统还包括 MCDU。

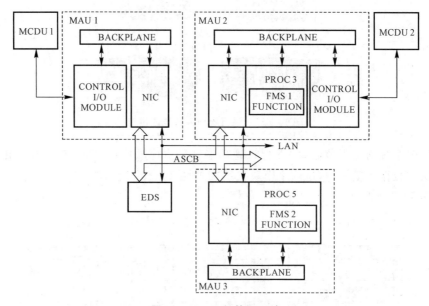

图 14-29　飞行管理系统

14.2.3　飞管系统运行对外交联关系

与飞行管理系统互联的其他系统和组件包括以下方面。

(1)飞管系统输入

1)大气数据计算系统(ADS):飞行管理系统使用由 ADS 提供的高度、空速、温度数据以计算内部程序数据,两个系统通过 ASCB 总线互联。

2)气压模块(Air Press Module,APM):当飞机启动时,飞行管理系统从 APM 接收系统和构型数据,两个系统通过 ASCB 总线互联。

3)燃油系统:燃油系统向飞行管理系统提供机载燃油相关数据,这些数据帮助飞行管理系统开展性能和程序计算,两个系统通过 ASCB 总线互联。

4)发动机全权限数字电子控制组件(FADEC):FADEC 通过 429 总线向 ASCB 提供发动机燃油流量数据,用于飞管进行燃油计算。辅助动力系统(Auxiliary Power Unit,APU)也通过其 FADEC 的 429 总线输出至 ASCB。

5)模块化无线电组件箱(Modular Radio Cabinet,MRC):MRC 中的网络接口模块(Network Interface Module,NIM)向飞行管理系统提供导航数据,包括 VOR,DME 和 LOC 数据,NIM 通过 ASCB 和 LAN 与飞管系统连接。

6)时钟:飞机系统时钟向飞行管理系统提供时间和日期数据,时钟通过 429 总线连接到 MAU2 中的通用 I/O 模块 2。

7)轮载信号(WOW):监视告警功能发送 WOW 信号给飞行管理系统,以确定飞机飞行空地状态,监视告警功能通过 ASCB 总线连接 FMS。

(2)飞管系统输出

1)数字音频记录器(Digital Voice Data Recorder,DVDR):飞行管理系统提供必要的参数并记录在 DVDR 中,两个系统通过 ASCB 总线连接。

2)中央维护计算机(Central Maintenance Computer,CMC):CMC 记录飞行管理系统的 BIT 和维护数据,两个系统通过 ASCB 总线连接。

3)增强型近地告警系统(Enhanced Ground Proximity Warning System,EGPWS):飞行管理系统将经度、纬度和校正后的高度数据给 EGPWS,两个系统通过 ASCB 总线连接。

4)监视告警功能(Monitor Warning Function,MWF):MWF 采用 FMS 的数据以计算飞行管理系统相关的机组告警信息和音频信息,两个系统通过 ASCB 总线连接。

飞行管理系统同样也提供数据给打印机。打印机通过 MAU 的 429 总线接收 FMS 数据,并通过 CMC 或 LAN 发送数据给 FMS。

(3)飞行管理系统输入输出

1)MCDU:MCDU 允许机组记录 FMS 数据。MCDU 还向机组显示 FMS 数据。MCDU 数据通过 ARINC-429 总线发送至 MAU。FMS 和 MCDU 通过 ASCB 通信。

2)GPS:FMS 使用 GPS 数据计算飞机位置并执行导航功能。GPS 通过 429 总线将 GPS 位置数据发送到通用 I/O 模块。通用 I/O 模块通过 ASCB 向 FMS 发送 GPS 数据。

3)图像生成功能:图像生成功能和 FMS 连接以传输 FMS 显示数据和其格式。

4)IRS 惯性基准系统:FMS 使用来自 IRS 的数据查找飞机位置并执行导航功能。IRS 数据通过 429 总线发送至通用 I/O 模块,数据通过 ASCB 发送至 FMS。

5)AFCS 自动飞行控制系统:FMS 是飞行制导系统和 FCS 的导航命令和飞行数据的来源。FMS 通过 ASCB 与 AFCS 连接。

6)VOR(甚高频全向信标):FMS 采用来自于 VOR 的数据完成导航功能,VOR 发送给 NIM(网络接口模块),然后通过 ASCB 发送给 FMS。

7)GP(制导/显示控制板):GP 通过与 FMS 连接,进而在 PFD(主飞行显示器)显示 FMS 数据,以开始横侧向(LNAV)和纵向导航(VNAV)。GP 通过一个 422 总线连接到 MAU,进而 FMS 通过 ASCB 总线获取 GP 数据。

8)ILS(仪表着陆系统):FMS 采用来自于 ILS 的数据,以完成 APR(自动电源储备)和着陆导航功能。NIM(网络接口模块)通过 ASCB 发送 ILS 数据至 FMS。

9)DME(测距机):飞行管理系统采用 DME 的数据来完成导航功能,DME 连接至 NIM,由此通过 ASCB 总线发送数据给 FMS。

10)自动定向机(Automatic Direction Finder,ADF):飞行管理系统通过 NIM 连接 ADF,FMS 采用来自于 ADF 的数据,以提供对 ADF 的备份调谐方式。

14.2.4 导航功能

飞行员可通过导航索引页面访问导航功能。而使用 MCDU 导航功能键可以直接访问,每个行选择键用于选择相应的导航功能。

(1)位置计算

FMS 收集传感器数据,以找到最准确的飞机位置。POS SENSORS 页面显示飞机上每个位置传感器测得的位置数据。FMS 从 GPS、DME/DME、VOR(甚高频全向信标)/DME 和惯性基准系统(IRS)位置传感器中找到最佳信息源,以计算最精确的飞机位置。如果没有参考位置源可用,FMS 使用位置推算导航模式。

(2)导航传感器

对于使用什么传感器以及何时使用传感器,有一个优先级方案,基于以下优先级:GPS、DME/DME、VOR/DME、IRS 和飞跃更新的手动位置。

1)GPS:最精确的传感器是 GPS。FMS 使用 GPS 数据作为导航的主要位置输入,除非 GPS 源设置为无效或飞行员选择其他导航源。使用 GPS 时,其他传感器测得的位置信息将被监测并被用于比较与 FMS 位置的差异,但不用于确定 FMS 位置。FMS 使用位置比较测试来确定应融合哪些 GPS 位置输入以形成融合 GPS 位置。FMS 使用优先级方案(每个 FMS 使用其对应侧的 GPS)来选择某个 GPS 进行位置更新(如果两个 GPS 提供不同的位置)。

2)DME/DME:下一个最精确的导航模式是 DME/DME,在该模式下,FMS 调谐扫描 DME 以计算位置。如果 GPS 不可用或 GPS RAIM(接收器自主完整性监视器)超过定义的报警限值,则使用此模式。

3)VOR/DME:由于 VOR 方位误差,VOR/DME 的精度低于 DME/DME。方位误差随着距离导航设备的距离而增加,因此当飞机远离导航设备时,精度降低。

4)IRS:FMS 使用 IRS 数据有效性、IRS 操作模式和 IRS 取消选择状态来确定 IRS 是否对位置变化有效。FMS 使用比较测试来确定哪个 IRS 位置数据用于构成 IRS 位置。FMS 使用优先级方案选择单个 IRS 进行位置更新。当 FMS 使用 GPS 或无线电位置进行位置更新时,如果两个 IRS 提供的位置不同,FMS 计算每个 IRS 的位置偏差。当 FMS 使用 GPS、DME/DME 或 VOR/DME 进行更新时,持续计算并存储 IRS 位置的位置差。如果 FMS 使用 IRS,则将误差叠加到每个 IRS 位置以计算 FMS 位置。当 GPS、DME/DME 或 VOR/DME 重新启动时,计算并保持误差,而不影响 FMS 位置。

5)飞跃:通过飞跃手动改变位置是最不精确的方法。当飞机飞越参考位置时,当机组按压手动提示时,FMS 位置被记录下来。该位置标记为冻结位置。它显示在 FMS 更新页面上。

6)极地导航:当飞机进入极地区域(高于 85°N 或低于 85°S)时,MCDU 简页上显示"进入极地区域"信息。FMS 使用其最高优先级传感器进行导航。FMS 位置更新为其最高优先级传感器的位置。

FMS 不能完成极地区域的 FMS 位置或速度。IRS 位置无法更新。机组不能在极地区域手动改变 FMS 位置。在极区运行期间,FMS 横向偏置受到控制。当飞机进入极地区域时,记录的任何横向偏置都会被移除。当飞机离开极地区域(低于 84°N 或高于 84°S)时,MCDU 简页上显示"退出极地区域"信息。FMS 从高优先级传感器进入融合传感器位置,如图 14 - 30 所示。

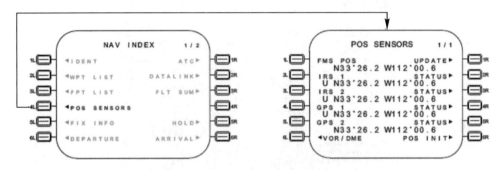

图 14 - 30　MCDU 的位置传感器页面

14.2.5　所需导航性能(RNP)

国际民航组织(ICAO)将所需导航性能(Required Navigation Performance,RNP)定义为"在规定空域内运行所需的导航性能声明"。作为"基于性能的导航(Performance Based Navigation,PBN)"这一更广泛概念的一部分,RNP 是一种实现航线和飞行航路的方法,与以前的方法不同,它不仅有一个相关的性能规范,飞机在飞行该航路之前必须满足该规范,而且还必须监控所实现的性能,并在不满足该规范的情况下发出警报。不同于 RNAV(区域导航),RNP 是监控和报警设备,且 RNP 是从 RNAV 开发的。配备 RNP 的飞机可以在比以前要求的间隔更小的情况下安全地运行航线,这一点非常重要,因为它增加了能够安全使用特定空域的飞机数量,从而适应日益增长的空中交通容量需求。

根据国际民航组织的定义,全球导航卫星系统(Global Navigation Satellite System,GNSS)是支持当前定义的 RNP 标准的主要导航系统。在引入全球导航卫星系统之前,飞机使用陆基导航设备或惯性导航系统(INS)进行导航,它们遵循所指定轨迹的程度取决于这些系统的精度。这些关于飞机可以在三维空间中固定其位置的准确性和精度的假设反过来义决定了需要在每架飞机周围保持的受保护空域的大小。在许多密集的航线上,例如连接美国和欧洲的北大西洋航线上,飞机在繁忙时间按照隔离规则的规定被挤得很紧,从而限制了每天可以通过该航线的航班数量。

RNP 改变了这些假设。在 RNP 运行下,导航辅助设备的特征没有明确指定,指定的是飞机周围空域的体积,该体积可能比常规导航的体积小(在某些情况下小得多)。在实践中,假设 RNP 飞机使用陆基导航设备、GPS 和惯性制导系统的组合进行导航,其精度远远高于以前可能的精度。这使得空中交通管制能够在不影响安全的情况下减少飞机之间的间距。某些空域区块正在按照 RNP 标准进行指定；只有符合该空域指定 RNP 等级的飞机才允许在该区域内飞行。

飞行 RNP 航线所需的性能通常以海里为单位，例如 RNP 5，如图 14-31 所示，这意味着总系统误差在 95% 的时间内不大于 5 n mile。RNP 规范要求，如果误差超过或可能超过规定值的两倍（即 RNP 5 为 10 n mile），则必须产生告警信号。由于偏差可能在纠正错误之前超过警戒偏差，因此航线间距必须足以确保两架偏离警戒水平的飞机保持安全间隔。

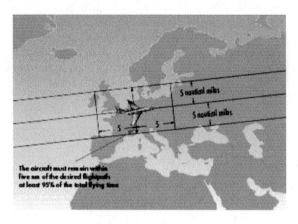

图 14-31 RNP 5

14.2.6 FMS 初始化

机组可以使用位置初始化页面上列出的位置来初始化位置传感器。输入的位置则变为 FMS 位置，并作为发送给远距传感器的位置。机组可以在简页栏中输入适当的纬度/经度，然后按下左边的周边键 LSK 1L。GPS（全球定位系统）位置是最精确的。按压与所需位置邻近的周边键，将采用该位置用于初始化。

位置初始化页面包括：

1）通电时显示关闭时候的最后位置；

2）机组可以选择通过坐标、机场和跑道，或 WPT 名称输入参考位置；

3）显示有效的最高优先级 GPS 传感器的位置；

4）进入 POS SENSOR 页面；

5）将其中一个位置加载到传感器和 FMS。

POSITION INIT 页面也可以从 NAV INDEX 页面 2 选择进入。当 FMS 准备就绪后，机组按下 FMS 功能键时，系统将显示适用的功能页面。

14.2.7 飞管系统功能

FMS 提供完整的飞行计划能力，包括对燃油消耗和航路时间的预测。一旦开始工作，FMS 可以向自动驾驶仪系统提供控制输出，以使飞机沿计划路线横侧向和垂直飞行。FMS 还向 EDS（电子显示系统）提供飞行计划和状态信息以供显示。

（1）飞行性能功能

飞行性能功能显示在 MCDU 页面如图 14-32 所示。FMS 性能功能是基于初始化过程中的飞行员输入、飞行计划、输入到 FMS 的数据和来自其他飞机系统的输入。利用这些数据,FMS 可以控制飞机的各种任务规划和速度控制功能。飞行性能功能的主要目标是提供飞行计划中每个航路点的时间和燃油估计。

性能功能页面允许机组访问 FMS 功能,如性能初始化、存储的飞行计划初始化和性能计算。飞行性能页面还显示 FMS 性能结果,如风场、燃油管理、起飞和着陆数据。

当系统提供数据时,各项信息以小字符显示在 MCDU 页面上。当飞行员输入时,它们以大字符显示。飞行性能功能可通过 MCDU 的性能索引页面访问。该页面在机组按下 MCDU 面板上的 PERF 功能键时显示出来。

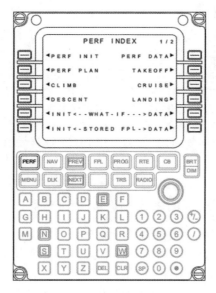

图 14-32　飞行性能功能

（2）飞行导航功能

飞行导航功能显示在 MCDU 页面如图 14-33 所示,导航功能允许机组访问导航索引页面。导航索引页面允许机组显示、选择或删除飞行计划和航路点(WPT)。

当机组按压 MCDU 上的导航功能键时,将显示导航索引页面。导航索引页面上显示的选项取决于飞机个性化模块(Aircraft Personality Module,APM)中设置的选项。

（3）飞行计划功能

飞行计划功能页面允许机组访问现行飞行计划。如果没有输入飞行计划,机组可以手动创建飞行计划、选择存储的飞行计划、从磁盘加载飞行计划或创建存储的飞行计划。当机组按压 MCDU 上的 FPL 功能键时,将显示现行飞行计划页面。

（4）飞行进度功能

进度功能页面为机组总结了以下重要内容:飞行参数和飞机与飞行计划的关系。这个进度页显示以下数据:①当前飞行进度;②导航状态;③ETE 估计途中时间;④剩余航程;⑤航路

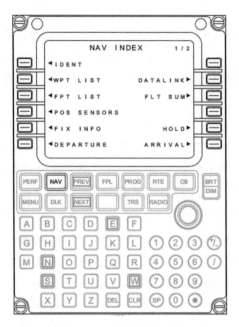

图 14 - 33　飞行导航功能

点和目的地的燃料估计;⑥当前导航模式;⑦所用 LRN(远程导航)数量;⑧目前已调谐的导航设备。

(5)航路功能

航路功能页面提供对呼号、航班号、公司航线、起飞数据和数据链飞行计划操作的访问。该页面还提供飞行计划起点和目的地的输入和显示。

修改后航路和当前活动航路可以同时存在。因此,航路页面 1 需要优先显示航路数据。航路页面将修改后的航路显示为 MOD RTE(如果存在)。如果修改后的航路不存在,则页面显示当前活动航路为 ACT 航路,或非活动航路为 RTE 航路。

航路页面为机组提供:①访问航路数据的方式,以供后续参考和引导。②输入起点和目的地标识符的方法。③输入从 NDB 或数据链路上传来的公司航路的方法。④访问航班号和呼号。⑤直接进入出发机场离场程序的方式。⑥开始或取消航路修改的方法。⑦呼号,呼号仅显示在航路页面 1 上,而不显示在数字显示系统(EDS)上。这是一个文本字段,可用于飞行期间机组可能希望输入和显示的任何数据,以供参考。通常,如果呼号与航班号不同,则在此输入呼号。这是航路页面上的可选条目。⑧航班号,可在航路页面第 1 页或无线电空中交通告警与防撞系统(TCAS)/应答器(Transponder,XPDR)第 1 页输入航班号。两个功能之间的数据自动同步。航班号显示在多功能显示器(MFD)系统概要页面上。这是航路页面上所需的条目。⑨公司航路选择。在第 2R 行中输入有效的公司路线名称将导致 NDB 存储的始发地、目的地和途中程序被输入航路。有效条目与上传航路(如果启用了 AOC 航空公司运营通信)数据链选项)匹配,或与导航数据库公司航路文件中的标识符匹配。

(6)垂直导航功能(VNAV)

VNAV 是提供飞机垂直控制的 FMS 功能。VNAV 可用于根据机组设定的速度计划爬升、巡航和下降。要接通 VNAV,必须将 FMS 设置为导航源,并初始化飞行性能。通过导航面板(GP)上的 VNAV 按钮设置 VNAV。它可用于飞行的所有阶段。

FMS VNAV 从 FMS 飞行计划中获取数据(如航段类型、航路点纬度和经度、进场航向和用于特殊航段类型的其他参数)、FMS 飞行性能(飞行计划中每个航路点的时间和燃油估计值)、自动驾驶(AP)[校准空速(CAS)/马赫数中的下降速度计划,并启动 ASEL(高度预选)和 ALT(高度)模式]和 GP(用于选择导航模式)。还从大气传感器和惯性传感器获取数据。

(7)横侧向导航

LNAV 是向飞行控制系统(FCS)发送命令,以横向控制飞机的 FMS 功能。LNAV 对飞机的横向引导。要接通 LNAV,必须将 FMS 设置为主导航源。通过导航面板上的导航按钮设置 LNAV。FMS 在地面和空中均可接通 LNAV。

当在导航面板 GP 上设置 LNAV 时,它保持在 ARM 模式,直到满足 FMS 和自动飞行控制系统(AFCS)模式结合条件,或直到自动驾驶仪控制器上设置另一模式。当 FMS 不横向控制飞机时,LNAV 被视为 LNAV ARM 模式,但它监控主动航段的位置和航向。当位置在航段的捕获区域内时,LNAV 转换到 LNAV 捕获模式。

14.2.8　飞行计划功能

每个完整的飞行计划都有横侧向和垂直剖面。

(1)横侧向剖面

横侧向飞行计划从当前飞行计划中的默认原点开始。默认原点是距离当前飞机位置最近 3 n mile 内的机场。飞行计划在目的地结束。由于没有默认目的地,机组必须记录该数据。飞行计划由始发地和目的地之间的航路点 WPT 或 WPT 串组成。WPT 的示例包括标准仪表离场(SID)、航路、标准仪表到达(STAR)和 APR 转移。

要删除航路点 WPT,按键盘上的 DEL 按钮。简页上会显示消息 * DELETE *。按压 WPT 附近的周边键将其删除,飞行计划将被压缩并链接在一起。如果航段类型是无法删除的 WPT,则会显示"无效删除"消息。

飞行计划在航路点 WPT 之间有许多 leg(也称为航段)。在飞行过程中,当一个航段结束时,FMS 进入下一航段。

当 SID、航空公司、STAR 和 APR 等程序被添加到飞行计划中时,WPT 重叠被解决,并且在飞行计划中仅显示一次。飞行计划中没有航段的部分称为不连续部分。

当不连续段是数据库程序的一部分时,FMS 允许将其放入序列中。当将存储的飞行计划或数据库程序添加到现行飞行计划中,且没有通用航路点 WPT 时,FMS 将不连续航段放入。

(2)垂直剖面

操作 VNAV 模式不需要垂直输入。FMS 为每个航路点 WPT 提供足以设置垂直剖面的数据。显示或记录每个 WPT 的飞行计划数据如下:①高度。预测的高度显示,机组记录的高度成为约束。②约束类型。约束类型显示为爬升约束的 CLB 或下降约束的 DES。FMS 在飞行的前半部分自动给出 CLB 约束,在下半部分自动提供 DES 约束。FMS 可将 AT、AT 或 ABOVE、AT 或 BELOW 高度限制添加到现行飞行计划中。③速度。FMS 计算并显示估计速度。机组可以在 CAS 或 MACH 模式下记录速度。④角度。记录下降高度限制时,可以设置下降路径。在飞行的下降阶段,下降航迹角代替速度显示。⑤垂直速度。如果没有显示更高优先级的项目,则显示垂直速度。机组人员不能输入垂直速度。

(3)飞行计划类型

飞行计划分为:①有效飞行计划;②非有效飞行计划;③修正飞行计划;④挂起的有效飞行计划;⑤存储的飞行计划;⑥数据链飞行计划;⑦公司航路飞行计划。

有效飞行计划是当前正在使用的飞行计划。它向 EDS(电子显示系统)提供数据。当前有效飞行计划可以由 WPT 输入,从外部源加载,或从存储中调用。有效飞行计划至少必须包含航路点 WPT(可能是起点)、中间 WPT 和目的地。当前飞行计划显示在 MCDU 上。它由以下三部分组成:

1)主要飞行计划:从起点到主要目的地的飞行计划的一部分。

2)备份飞行计划:从主要目的地到备降目的地的飞行计划的一部分。

3)错过 APR:在 APR 接通并设置了复飞后,这是现行飞行计划的一部分。它从 MAP(复飞点)开始,这是复飞程序的第一个 WPT。地图显示为现行飞行计划的一部分。

每个飞行计划限制为 100 个航路 WPT。对于有效飞行计划,100 个 WPT 分为主飞行计划、备降飞行计划和复飞程序。最多存储 3 000 个飞行计划,每个计划平均 15 个 WPT。

(4)飞行计划的选择

飞行机组通过按压 MCDU 上的 FPL 功能键选择飞行计划。该动作可以显示当前飞行计划页面。在现行飞行计划页面上,选择飞行计划列表行选择按钮,显示先前存储的飞行计划列表。飞行员选择与所需飞行计划相邻的行选择按钮,则该选择显示在简图板中。按下显示飞行计划线选择按钮,则显示定义所选飞行计划的数据。

14.2.9　数据库功能

FMS 内存中有四个数据库。为了使 FMS 能够良好运行,数据库或其中的一部分必须在 FMS 处理器模块中能够进行直接访问。安装在 MAU 2 中的数据库模块具有所有这些数据库的副本。

数据库包括以下几项内容。

(1)无方向信标(Non-Directional Beacon,NDB)

NDB 拥有关于导航设备、机场和航空公司的数据。NDB 中的数据每 28 天更新一次。NDB 具有两个连续的有效性周期。正确的数据库在通电时自动设置,也可以手动设置。与当前日期相关的周期显示为绿色。数据库模块为 NDB 提供至少 32 MB 数据的存储容量。

机组可以通过标识符、位置和导航设备频率搜索从 NDB 获取数据。标识符搜索用于获取特定数据项。位置搜索用于获取数据项指定附近的项目列表。导航设备频率搜索用于识别哪个电台被无线电调谐。NDB 包括以下类型的数据:

1)导航设备台。全世界高空甚高频导航台,包括:DME,非同位配置的 VOR/DME,塔康,非同位配置塔康,VORTAC,同位配置 VOR/DME,VOR。

2)ILS(全世界范围)。

3)机场。具有国际民航组织(ICAO)标识符和一条至少 4 000 ft 长的硬地面跑道的机场的全球机场地理点。

4)机场跑道。至少 4 000 ft 长的全世界机场跑道。

5)机场程序。全世界范围内机场的 SID(标准仪表离场),STAR(标准进场程序),APR(进近程序)。

6)已命名的航路点 WPT。世界范围内的已命名航路点,交汇点,无方向信标。

7)未命名的航路点 WPT。在航路/终端转换过程中计算的 WPT。

8)空中航路。全世界高空和低空航路。

(2)自定义数据库

自定义数据库包含机组记录的数据。机组人员可以制定和存储飞行计划和 WPT。数据库不按计划更新。数据库模块为自定义数据库提供至少 128 KB 数据的存储容量。

(3)公司航路数据库

公司航路数据库是一个单独文件,最多可包含 2 个数据周期。每条航路包含起点、目的地和航路内航路点。

(4)飞机数据库

飞机数据库具有飞机特有的所有可学习更改和确定的性能参数。每次飞行后,所有学习数据都自动保存到飞机数据库中。飞机数据库还具有速度选择逻辑和 MCDU 显示所需的所有数据。飞机数据库用于在全性能模式下进行估计。FMS 处理器模块为飞机数据库提供至少 32 KB 数据的存储容量。

14.2.10　FMS-MCDU 架构

MCDU 是飞行机组与 FMS 进行交互的主要方式。对于安装的两个 FMS,只有对应边的 MCDU 可用于控制对应 FMS(MCDU 1 – FMS 1 和 MCDU 2 – FMS 2)。MCDU 不能用于直接控制另外一边的 FMS。当 FMS 操作配置设为双模式时,MCDU 可以控制另外一边的 FMS,但这需要两个 FMS 之间数据同步。

双 FMS 操作模式:在双 FMS 操作模式下,两个 FMS 运行在主/从结构中。主 FMS 设置在与 AP 耦合的同一侧显示,尽管这时 AP 不需要接通。

双 FMS 有以下四种运行模式。

(1)双模式

在双模式下,可以在每个 FMS 上记录数据。在双模式下,以下数据在 FMS 之间自动传输:①飞行计划数据;②性能起始数据;③无线电调谐数据;④自定义数据库修订。

在 FMS 之间传输同步和各自的数据。

1)同步数据。所有 FMS 之间的同步数据必须一致。任何一个 FMS 都可以更新同步数据,并将数据复制到所有 FMS。数据必须相同。双 FMS 配置使用主/受控关系,当记录不一致的数据时,一个 FMS 有权超越另一个。如果在一个 FMS 上进行飞行计划或性能起始更改,该更改将自动传输到其他 FMS。对 FMS 自定义数据库所做的更改将转移到其他 FMS。如果正在对一个自定义数据库进行更改,则在当前更改完成且两个 FMS 都更新之前,无法对另一个 FMS 数据库进行更改。

2)各自单独的数据。各自独立的数据是一组数据,包含与每个 FMS 相关的单元。每个 FMS 可以读取数据集中的所有单元,但 FMS 只能更改与自身相关的数据单元。如果一个 MCDU 或 FMS 中的传感器发生故障,则仅该系统受影响,其他 FMS 或 MCDU 不受影响。以下数据不在 FMS 之间共享:①位置初始化。每个 FMS 的第一个位置必须各自启动。数据不能从一个 FMS 传输到另一个 FMS。②当前位置。每个 FMS 计算当前位置。两个当前位置将进行比较。如果差值大于 10 n mile,FMS 不能在双模式下运行。③制导控制指令。两个 FMS 都计算制导控制命令。只有主 FMS 可以启动航段序列。受控 FMS 无法启动飞行计划的一段。

(2)初始传输模式

在初始传输模式下,以下数据在两个 FMS 之间传输:①飞行计划数据;②性能起始数据;③无线电调谐数据;④自定义数据库修订。

初始传输和双模式之间的区别在于,在初始传输模式下,机组必须开始数据传输。当开始传输时,两个 FMS 上的飞行计划和启动数据相同。

(3)独立模式

在独立模式下,只有无线电调谐和 MCDU 配置数据在 FMS 之间传输。独立模式下的无线电调谐与双模式和初始传输模式中的无线电调谐相同。机组可以调谐偏置无线电和每个 FMS,然后设置导航设备来调谐和计算飞机的当前位置。

在独立模式下,由偏置无线电调谐的导航设备标识符不显示在 MCDU 上。每个 FMS 对于特定区域中的频率可以具有不同的标识符。标识符不显示在 MCDU 上。

(4)单模式

单模式没有具体的规范。这是双 FMS 的最低操作级别。如果 FMS 中的软件版本不一致,则默认为单模式。在单模式下,FMS 之间无数据传输,偏置无线电无法调谐。

每个模式的可用性由以下模式规范设置:①配置符。FMS 使用配置数据查找当前的操作模式。对于某些操作模式,两个 FMS 具有相同的配置设置。MCDU RETURN TO SERVICE 页面显示 FMS 软件和飞机配置标识。②软件版本兼容性。一个 FMS 使用的软件版本与其他 FMS 的软件版本兼容。软件版本必须相同。"RETURN TO SERVICE"页面显示有关软件兼容性的数据。

14.3　空客 320 飞行管理系统

14.3.1　飞行管理优先级逻辑

(1)飞管运行模式

空客 320 飞行管理系统有三种运行模式:正常,独立和单独。

在飞行管理系统初始化时,即通电时,两个 FM 部件交换信息,对以下参数进行初步交叉比较:导航数据库 ID、性能数据库 ID 识别、FM 操作程序 ID、飞机程序 PIN 数据和发动机程序

PIN 数据。

1)正常模式。如果两个飞行管理部件一致,正常模式将被激活。当按下按键时,两个飞管部件均立即响应,而不管它们来自哪个多功能控制显示组件(MCDU)。

2)独立模式。如果飞行管理部件不一致,MCDU 上显示白色信息"FMS1/FMS2 A/C STS DIFF",然后系统恢复到独立模式。每个 FM 部件管理自己的 MCDU。飞行管理和制导计算机(Flight Management and Guidance Computer,FMGC)系统间总线故障将导致 MCDU 上的琥珀色信息"INDEPENDENT OPERATION"。

3)单独模式。如果一个 FM 部件出现故障,则单独模式激活。两个 MCDU 都由剩余的飞行管理部件驱动。MCDU 上显示与故障 FMGC 相对应的白色信息"OPP FMGC IN PRO-GRESS"。飞管优先级逻辑如图 14-34 所示。

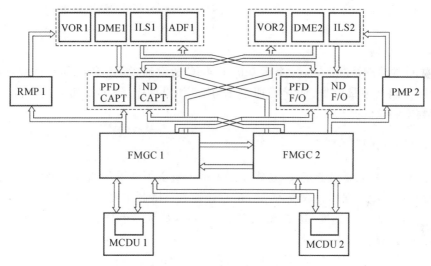

图 14-34　飞管优先级逻辑

(2)模式操作

1)正常模式。在正常模式下,飞行管理部件从飞行制导部件接收主/从激活信息。主计算机对从计算机施加以下参数:①飞行航段;②飞行计划排序;③有效的飞行性能模式和速度;④净空和最大高度;⑤ILS 频率和航向(如有的话)。

飞行计划更改后,将对当前有效航段进行比较,并在每秒都对有效的飞行性能模式和有效的制导模式进行比较。如果不同,则从计算机将通过复制主计算机的值将其自身同步到主计算机。

此外,在每秒还要比较来自主计算机和从计算机的飞机位置、总重和目标速度。如果差值分别大于 5 n mile、2 t 或 2 kn,MCDU 上将显示相应的信息:①"FMS1/FMS2 POS DIFF";②"FMS1/FMS2 GW DIFF";③"FMS1/FMS2 SPD TGT DIFF",且飞行员需要进行处理。

2)独立模式。在独立模式下,一个系统与另一个系统之间没有交互。FMGC 仅向彼此发送状态信息。

3)单独模式。在单独模式下,两个 MCDU 由一个相同的 FM 部件驱动,但它们仍然可以显示不同的页面,链接到导航过程的消息显示在两个 MCDU 上。

(3)MCDU

如飞管运行模式所述,图 14-34 中的两个 MCDU 各自工作。在正常模式下,两个MCDU 可同时用于不同页面。一个 MCDU 上的任何修改或输入通过 FMGC 交叉传输到另一个 MCDU。在独立模式下,两个 MCDU 分别运行。尽管存在交叉传输,但一个 MCDU 上的条目不会应用于另一个 MCDU。在单独模式下,两个 MCDU 基本上都在正常模式下工作,但仅使用有效的 FMGC。

(4)显示

飞行管理信息显示在导航显示器(Navigation Display,ND)和主飞行显示器(Primary Flight Display,PFD)上。对于飞管系统信息,在正常或独立模式下,FMGC1 提供给 PFD1 和ND1,FMGC2 提供给 PFD2 和 ND2。在单独模式下,剩余的 FMGC 提供所有显示。

(5)无线电导航

为了在正常或独立模式下选择无线电导航频率和航向,每个 FMGC 通过无线电管理面板(Radio Management Panel,RMP)控制其自身对应的接收机。PFD 和 ND 上仅显示来自接收机的实际频率和航向。

在 FMGC 故障的情况下,另一个正常的 FMGC 通常通过 RMP 控制其自身对应的接收器,但也直接控制其他接收器,而无需通过 RMP。如果两个 FMGC 都失败,机组必须使用RMP 选择频率和航向。

14.3.2 飞行计划

飞行计划由各种元素组合定义,这些元素表示飞机必须遵循的路线以及沿这些路线的限制。这些元素主要从数据库获取或由飞行员直接输入。限制主要是空中交通管制(Air Traffic Control,ATC)产生的速度、高度或时间限制。将这些元素和限制因素结合起来构建飞行计划的功能称为飞行计划。

除此之外,飞行管理(FM)部件提供飞机位置和飞行计划的后续信息,这称为导航。一切都可以在起飞前准备好,但也可以在飞行过程中快速、轻松地进行修改。

在飞行管理模块出现问题的情况下,自动切换后,剩余有效的 FMGC 是控制两个 MCDU和 ND 的唯一来源,如图 14-35 所示。

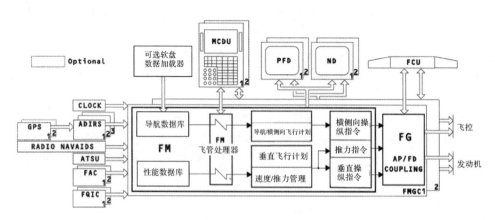

图 14-35 飞行计划

(2)导航数据库

导航数据库为飞行计划的制定和后续行动提供了所有必要的信息。飞行员将选择已经装订好的飞行计划[公司航路(CO ROUTE)]，或者使用现有数据库内容构建自己的飞行计划。该数据库具备定制的覆盖范围每 28 天更新一次，其中还保留一些存储空间，允许人工输入 20 个导航设备台、20 个航路点、3 条航线和 10 条跑道。数据库无法擦除，然而，当飞行阶段结束时(即飞机在地面停留 30 s)，也可以擦除手动输入的数据。

可以加载两个循环数据库，并使用来自飞机时钟的数据或手动进行选择其中一个数据库。在便携式软盘数据加载器的帮助下，可以将数据库加载到任一 FMGC 中。然后，交叉加载功能允许通过传输总线将数据库加载到另一个 FMGC 中。

(3)导航过程

导航过程向系统提供当前飞机状态信息，包括当前位置、高度、风速、真实空速和地速。这些是通过使用来自惯性参考系统、大气数据传感器、全球定位系统(GPS)(如果安装)、导航无线电、空中交通服务模块(Air Traffic Service Unit,ATSU)和 FAC 飞行包线计算的输入来实现的。

飞行位置可以在飞行过程中手动更新，也可以在起飞时跑道上自动更新。

(4)横侧向飞行计划

横侧向飞行计划提供 3 个主要区段内每个航路点的顺序航迹变化：①离场。初始固定点(起飞机场)，标准离场程序(SID)等。②航路中(EN ROUTE)。航路点，导航台等。③进近。标准终端进近航路(STAR)，进近，复飞等。

当选择导航模式时，飞行员或自动驾驶仪可以遵循横侧向转弯指令。

(5)垂直飞行计划

垂直飞行计划提供了精确的飞行路径预测，这需要精确了解当前和未来的风速、温度和要飞行的横侧向飞行路径。

垂直飞行计划分为几个飞行阶段：①飞行前。燃油，重量和 V_2。②起飞。速度管理，减推力高度，加速高度。③爬升。速度限制，速度管理。④巡航。爬升顶点，巡航高度，下降顶点。⑤下降。速度限制，速度管理，减速。⑥进近，复飞。

垂直转向指令可由飞行员或自动驾驶仪执行。垂直剖面中的任何水平变化都是在水平变化选择器上的按压动作后启动的，但当垂直剖面在地面上待命并在起飞阶段后自动激活时除外。

(6)飞行性能

性能数据库包含预期的运行条件范围内的最佳速度计划。飞行员可使用几种性能模式，其中主要模式为经济模式。经济模式可以使用可选的成本指数(Cost Index,CI)进行调整，以满足特定的航空公司要求。成本指数定义为时间成本与燃料成本之比。燃油量由燃油量指示计算机(Fuel Quality Indication Computer,FQIC)给出。与给定成本指数相关的速度和推力值用于确定爬升和下降剖面。燃油和时间这两个因素，是飞管功能这一特定部分的主要"参与者"，并指导航空公司的选择。

14.3.3　MCDU 概述

多功能控制显示单元(MCDU)是飞行员与飞行管理和制导计算机的飞行管理功能间的接口，它也用作与其他飞机系统的接口。MCDU 主要用于飞行计划构建、飞行计划监控和修订等。MCDU 如图 14-36 所示。

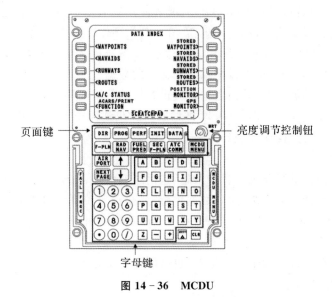

图 14-36　MCDU

思 考 题

(1)波音 737NG 飞行管理系统包含哪三个功能?

(2)波音 737NG 飞行管理系统对外的操纵接口主要采用什么设备?

(3)E190 飞机的飞行管理系统包含哪些功能?

(4)空客 320 飞行管理系统有哪三种运行模式?

(5)空客 320 的多功能控制显示单元在飞管系统中所起的作用是什么?

参 考 文 献

[1]   张明廉. 飞行控制系统[M]. 北京:航空工业出版社,1993.

[2]   文传源. 现代飞行控制系统[M]. 北京:北京航空航天大学出版社,1992.

[3]   鲁道夫. 飞行控制[M]. 北京:国防工业出版社,1995.

[4]   BRIAN L S, FRANK L L. Aircraft Control and Simulation[M]. New York:John
       Wiley & Sons Inc,1995.

[5]   吴森堂,费玉华. 飞行控制系统[M].北京:北京航空航天大学出版社,2005.

[6]   张婉珍. 自动驾驶仪整机测试系统设计与实现[D]. 西安:西安电子科技大学,2016.

[7]   章枧. 数学模型化的自动驾驶仪软件设计[D]. 北京:北京理工大学,2016.

[8]   刘福龙. 飞行模拟器自动驾驶仪的研究与开发[D]. 哈尔滨:哈尔滨工业大学,2007.

[9]   杨汀,高亚奎. 大型飞机飞行指引控制律设计与验证[C]// 余策.第六届民用飞机航电
       国际论坛论文集. 北京:航空工业出版社,2017:15 - 18.

[10]   董健康,黄舜,顾海波. 新舟 60 模拟机飞行指引系统实现[J]. 自动化与信息工程,
       2008(3):1 - 4.

[11]   孔凡立. 基于冗余的自动油门控制系统设计[D]. 南京:南京航空航天大学,2012.

[12]   王晓磊. 波音 737 飞机配平系统原理与故障探究[J]. 建筑论坛,2016,8:1695.

[13]   吴海荣,刘仁志. 飞机配平系统研究[J]. 飞机设计,2019,39(2):29 - 31.

[14]   王璿. 某型客机俯仰自动配平系统研究[J]. 系统仿真学报,2008(增刊 2):260 - 262.

[15]   王延刚. 浅谈民用飞机纵向配平系统[J]. 科学与信息化,2017(29):95 - 96.

[16]   高为民. 飞发一体化设计的关键技术[J]. 航空动力,2018(2):58 - 62.

[17]   季春生. 飞发一体化控制先进技术发展分析[J]. 航空动力,2019(4):1 - 7.

[18]   吴敬伟. 飞行/推进系统一体化控制综述[J].飞机设计,2017,37(6):6 - 12.

[19]   王日先. 飞/推综合系统建模与控制研究[D]. 南京:南京航空航天大学,2011.

[20]   王亚梅. 飞推综合控制仿真[D]. 成都:电子科技大学,2008.

[21]   张伟. 飞行管理系统评估方法研究[D]. 西安:西北工业大学,2006.

[22]   程农,拓朴筠,李清,等. 新航行体系下大型客机飞行管理系统关键技术研究与仿真验
       证[J]. 中国科学:技术科学,2018,48(3):264 - 276.

[23]   殷江疆. 面向大型客机的自动飞行系统工作模式设计[D]. 南京:南京航空航天大
       学,2022.

[24]   高金源. 飞机电传操纵系统与主动控制技术[M]. 北京:北京航空航天大学出版
       社,2005.